dtv

Ach, wie gut, dass niemand weiß, dass ich Managerin heiß' ... So oder ähnlich denken leider viele unter den weiblichen Führungskräften: Die Demonstration von Macht und Einfluss erscheint ihnen »unweiblich«. Dass sie dann ohne schicken Dienstwagen, repräsentatives Eckbüro und anständiges Gehalt zurückbleiben, ist sonnenklar. In erfundenen Geschichten und solchen, die das Leben schrieb, beleuchtet Dagmar Gaßdorf das Verhalten von Frauen im Management. Ihre Botschaft: Wer im Beruf Erfolg haben will, sollte sich nicht auf typisch weibliche Fähigkeiten berufen, sondern einige elementare Spielregeln beherzigen.

Dr. Dagmar Gaßdorf ist Geschäftsführende Gesellschafterin der Werbe- und PR-Agentur commedia in Essen, Verlegerin der ›Ruhr Revue‹ sowie Redenschreiberin (erfolgsreden.de). Die frühere Texterin und PR-Chefin bei der Essener WAZ-Gruppe betätigt sich auch ehrenamtlich als Vizepräsidentin der IHK Essen Mülheim Oberhausen und stellvertretende Vorsitzende des Ernst-Schneider-Preises. Zu ihren Büchern zählen ›Das Zeug zum Schreiben‹ und ›Lustreden‹. 2007 wurde sie mit dem Bundesverdienstkreuz ausgezeichnet.

Dagmar Gaßdorf

Das Märchenbuch für Managerinnen

Geschichten für
Leitende und Leidende

Deutscher Taschenbuch Verlag

Aktualisierte und überarbeitete Ausgabe
November 2008
Deutscher Taschenbuch Verlag GmbH & Co. KG,
München
www.dtv.de

Umschlagkonzept: Balk & Brumshagen
Umschlagfoto: Corbis/Photowood Inc.
Satz: Greiner & Reichel, Köln
Gesetzt aus der Caecilia 9,25/13,1' und der Today
Druck und Bindung: Druckerei C. H. Beck, Nördlingen
Gedruckt auf säurefreiem, chlorfrei gebleichtem Papier
Printed in Germany
ISBN: 978-3-423-34511-8

Inhalt

Zauberspruch

Oder: Willkommen im Club!

Die meisten Menschen denken, Geschichten, Märchen gar, seien nur etwas für Kinder. Das ist ein großer Irrtum. Die Wahrheit ist: Wir alle, Männer wie Frauen, begreifen am besten, wenn man uns Geschichten erzählt. Manche Typen sind nur nicht stark genug, sich dazu zu bekennen. Und weil sie selbst deshalb auch anderen keine Geschichten zu bieten haben, hört ihnen keiner wirklich zu.

In diesem Buch erzähle ich – wenn ich nicht gerade eine unverhohlene kleine Lektion einschmuggle oder das eine oder andere interessante Fundstück – vor allem Geschichten, wahre und erfundene. Und weil die Form es gestattet, auch die gemeinsten Geschichten ganz harmlos klingen zu lassen, ist sie geradezu ideal geeignet für eine Zielgruppe, der man kein X für ein U vormachen kann: Frauen im Management.

Aber Achtung: Die Frauen aus dem häuslichen Management schließe ich dabei keinesfalls aus. Oder wie würden Sie die erfolgreiche Führung von KMUs namens Haushalt bezeichnen? Ein kleineres, bisweilen sogar mittleres Unternehmen vom Typus großbürgerlicher Haushalt mit der im Kammerchinesisch und anderen sprachlichen Abarten geläufigen Abkürzung »KMU« zu titulieren, klingt nur deshalb lächerlich, weil der von Männern erfundene Begriff ein bürokratischer ist. Frauen erfinden keine Bürokratien und auch keine bürokratischen Begriffe. Frauen lieben das Leben und betrachten die Arbeit als Teil des Lebens.

Wo und wie Sie, liebe Leserin, daher auch immer leben und arbeiten: Wenn Sie dieser Grundeinstellung zustimmen, werden Sie sich auf den folgenden Seiten wohlfühlen. Denn dann gehören Sie dazu: Willkommen im Club der souveränen Frauen, die zwar immer noch keine märchenhaften Verhältnisse vorfinden, und schon gar nicht im Berufsleben, die aber den nüchternen Blick haben, das zu erkennen und zu ändern – für sich und andere Frauen!

Für manche Männer sind wir deshalb so etwas wie moderne Hexen – Weiber, die zwar manchmal teuflisch gut aussehen, aber ihnen doch so gefährlich werden können wie im Märchen die mit den Besen und Kräutern. Nur gut, dass Männer seit jeher mehr nach dem äußeren Anschein gehen als nach dem tatsächlichen Inhalt! So werden wir nicht mehr als Hexen verbrannt. Dass wir uns immer noch selbst ganz schön gefährlich werden können, steht auf einem anderen Blatt. Auch davon handeln einige Geschichten.

Für kleine Jungs hat eine Gesellschaft mit martialischer Vergangenheit das Idiom bewahrt, sie hätten den »Marschallstab im Tornister«. Den Zauberstab in der Hand kleiner Mädchen beginnt diese Gesellschaft gerade erst zu erkennen.

Wenn Sie so ein Mädchen sind, egal wie alt, dann folgen Sie mir!

Der beste Schinken

Oder: Eine wahre Geschichte vom Sex

In der Schweiz, in einem Ort namens Ellwangen, gab es einmal eine Firma, die Maschinen für die Fleischverarbeitung herstellte, darunter auch eine Schinkenpressmaschine. Laienhaft stelle ich mir den Grund für die Notwendigkeit solcher Maschinen so vor, dass die Fleischstücke vom Hintern der Rinder oder auch Schweine trotz aller Vereinheitlichungsversuche von Züchtern nicht von Natur aus zu gleicher Größe heranwachsen, sodass es zum leichteren Verpacken und Stapeln im Regal notwendig ist, sie in eine Einheitsform zu pressen, ähnlich wie bei Fischstäbchen.

Möglicherweise hatte sich außerhalb der Schweizer Berge nicht genügend herumgesprochen, dass es solche für die Schinken-Metamorphose hochgradig nützlichen Vorrichtungen gab und dass man sie in Ellwangen kaufen konnte; sonst hätte die Firma nicht in einem deutschen Fachmagazin für die Schinkenpressmaschinen geworben.

Wie wirbt man nun für eine Schinkenpressmaschine? Fragen dieser Art lösen beim gemeinen Werber – einer Spezies, der etwa 98 Prozent der in Werbeabteilungen und Agenturen tätigen Menschen angehören – eine Art Pawlow'schen Reflex aus. Zunächst einmal wird der gemeine Werber – das bedarf keiner Frage – das Gerät im Foto zeigen, in seiner nackten Wahrheit sozusagen. Schließlich erwartet der Leser eines Fachmagazins keine Lifestyle-Inszenierungen, sondern ehrliche Informationen. Dieser Ansatz hat zudem den Vorteil, dass man eigentlich nur noch das Firmenlogo und die Bezugsadresse hinzuzufügen braucht – und schon wieder ist eine ungeliebte Anzeige fertig und kann abgerechnet werden.

Zum Leidwesen des gemeinen Werbers aber hat es sich in der Branche durchgesetzt, dass man an den Erfolgen der Werbemaßnahmen gemessen wird. Effizienz ist gefragt. Und das bedeutet auch: Wenn man die Aufgabe selbst schon nicht liebt, muss wenigstens das Ergebnis von der Zielgruppe geliebt werden. Da kann ein Schuss Erotik niemals schaden. Ja, ganz Hartgesottene behaupten sogar, eine Werbung ohne Sex sei gar keine Werbung, die könne gar nichts verkaufen. Ja, mit Sex könne man sogar eigentlich arme Produkte verkaufen. Was im Falle »Berlin – arm, aber sexy« sogar stimmt.

Nun hat selbst für Leser von Fachmagazinen der Fleischverarbeitungstechnik – das schwant dem Werber – so eine Schinkenpressmaschine aber zu wenig Erotik, um aus sich heraus, allein durch ihren Anblick, erfolgreich zu verkaufen. Da jedoch ohne die zwei großen E (Emotion und Erotik) in der Werbung gar nichts läuft, kommt es beim Anblick der ins Layout gestellten nackten Maschine beim männlichen Werber zum bereits angesprochenen Reflex: Unmittelbar neben das unerotische Gerät platziert er einen nackten Frauenhintern, einen, der sich wegen der sonst nicht gegebenen Emotion dem Betrachter provozierend entgegenreckt.

Und genau so haben die Ellwänger es gemacht und sich ob ihrer Kreativität auf die Schenkel geklopft. Wenn nicht für Erotik, so war zumindest für ein bisschen Emotion qua Porno nun gesorgt. Ein E schon mal abgehakt.

Allerdings standen sie nun vor einer intellektuellen

Herausforderung. In der Kombination von Schinkenpressmaschine und Hintern steckte – das war nicht wegzudiskutieren – ein gewisser Widerspruch, weil die Maschine ja für Viecherhintern ist, der abgebildete Hintern aber einer Menschenfrau gehörte. Folglich mussten sie eine Überschrift erfinden, die zusammenzwingt, was nicht zusammengehört.

In solchen Situationen liegt die Rettung oft im Englischen. Bis hinein in die Schweizer Berge hatte es sich herumgesprochen, dass die englische Sprache fast allem einen Hauch von Peter Stuyvesant verleiht, zur Not auch einer Schinkenpressmaschine aus Ellwangen. Und so sind denn unsere Werber nach nur zwei Stunden »Brainstorming«, einer Art kollektivem Aufruhr der teilnehmenden Gehirne, auf die rettende Headline gekommen: »Best ham«, bester Schinken!

Und weil sie in der Schweiz, jenseits der Berge, den Deutschen wohl nicht zugetraut haben, dass sie diese geniale Aussage verstehen, haben sie vorsichtshalber noch das dazugestellt, was in der Sprache der Werber »die Copy« heißt: ein längeres Päckchen Text in der Anzeige. Besagte Copy ließ nun keinen Zweifel mehr an der kühnen Genialität des gedanklichen Brückenschlags. »Jeder Schinken braucht die korrekte Behandlung«, so texteten die Ellwänger Werber.

Hossa! Als sie das erfunden hatten, dort unten in der Schweiz, haben sie sich so laut auf die Schenkel geklopft, dass die Berge davon widerhallten, und als die Sekretärin vorbeikam, hat die gleich auch noch eins auf den Schinken bekommen.

Aufs Dach bekamen die fleischesfrohen Kreativen erst später einen: vom Deutschen Werberat nämlich. Das ist so etwas wie der Heilige Stuhl der Werbung. Der wertete die Kombination von Bild und Text als Herabwürdigung von Frauen und sprach den kernigen Jungs aus Ellwangen eine Rüge aus. Der Deutsche Werberat gebe dem Beschwerdeführer recht, hieß es in der Pressemitteilung.

»Dem« Beschwerdeführer? War das etwa ein Mann, der da Anstoß genommen hatte an der metzgermäßigen Betrachtung des Frauenhinterns? Ganz auszuschließen wäre das nicht, nachdem sie so sensibel geworden sind, unsere Männer, Luftgetrocknete statt Kernschinken sozusagen, wenn wir uns diesen Kalauer mal gönnen wollen. Sie spüren ja schon das Messer im Rücken, bevor wir es überhaupt gezückt haben; so weit sind sie inzwischen. Und alles ist der peniblen Salamitaktik ganzer Generationen von Frauen mit den merkwürdigsten Bezeichnungen zu verdanken – »Gleichstellungsbeauftragte« zum Beispiel.

Man mag es gar nicht laut denken: Aber was, wenn wir uns das alles falsch zusammengereimt haben und die Sache mit der Schinkenpressmaschine am Ende gar nicht von Jungs, sondern von Mädels verbrochen wurde! Schweizer Mädels. Frauen, deren Omas noch nicht wählen gehen durften. Und jetzt so was? Womöglich einfach, um sich einen Jux zu machen? – Das wäre ja ein Ding! Nein, nein, so was kann man wirklich nur in einem Märchenbuch für ganz aufgeweckte Ladys bringen; sonst kriegt man ja gleich wieder was auf den Hintern.

Sekretäre

Oder: Die doppelte Anzeige

Es war einmal eine Jungunternehmerin, die hatte drei Meter Frauenliteratur in ihrem Bücherschrank, und was viel schlimmer war: Sie hatte die Bücher alle gelesen. Ob es nun an der Lektüre lag oder daran, dass die Welt wirklich so ist wie in den Büchern beklagt – als sie ihre Firma gründete, widerfuhr ihr vieles, was sie wie zur Bestätigung in die Schublade »Diskriminierung von Frauen« einsortierte.

Es fing damit an, dass unsere Jungunternehmerin, die ein Übersetzungsbüro gründen wollte, nur schwer Geld von den Banken bekam. Sie meinte, das liege daran, dass sie eine Frau war. In Wahrheit lag es daran, dass sie nur 25 000 Euro haben wollte, die Banken sich aber bekanntlich leichter tun, viel größere Summen aufs Spiel zu setzen.

Sie hatte auch Probleme, eine gescheite Sekretärin zu finden, und glaubte, das käme daher, dass sie eine Frau war. Hier hatte sie ausnahmsweise recht. Sekretärinnen arbeiten lieber für Chefs als für Chefinnen, am liebsten für ausgewachsene, großmächtige Chefs und nur ungern für junge und womöglich noch schlanke und schöne Chefinnen. Auf unsere Jungunternehmerin aber trafen alle drei Attribute zu.

Nach einem teuren Stellenangebot mit der Schlagzeile »Sekretärin gesucht«, siebenundzwanzig schriftlichen Bewerbungen und fünf enttäuschenden Gesprächen mit lauter angewidert dreinblickenden Damen tat die Jungunternehmerin etwas, was sie noch in keinem Band ihrer schlauen Ratgeber-Bücher für Frauen gelesen hatte: Sie gab noch eine Anzeige auf, diesmal mit der Schlagzeile »Sekretär gesucht«, und machte auch deutlich, dass die Suche von einer Frau ausging.

Beachtet wurde die Anzeige schon. Schließlich dachten die meisten Zeitungsleser, hier habe sich ein Auftraggeber in der Rubrik geirrt und einen Möbelwunsch im Stellenmarkt platziert. Die meisten Menschen wissen ja nicht, dass Sekretäre, nicht nur bei Goethe, sondern in der Entstehungsgeschichte des Berufsbildes, Männer waren. Der »Staatssekretär« erinnert noch heute daran.

Zuschriften auf die Anzeige »Sekretär gesucht« gab es nur zwei: eine anzügliche, die hier schamhaft verschwiegen werden soll, und eine von einem Mann, der keine einschlägige Ausbildung hatte. Die Kosten für die zweite Anzeige hätte die Jungunternehmerin sich also sparen können, wenn nicht …

Ja, liebe Leserinnen, so kann es einem nicht nur im Märchen passieren; so kann es auch im richtigen Leben zugehen, wenn eine gute Fee zur rechten Zeit das Auge des richtigen Betrachters auf eine Sache lenkt. Denn die Anzeige »Sekretär gesucht« machte die Runde in einem Mittwochs-Damenkränzchen der Stadt, in der die Jungunternehmerin lebte. »Stellt euch vor«, erzählte eine der Damen, selbst ehemalige Sekretärin, beim Kaffeeklatsch, »was ich heute Morgen in der Zeitung gelesen habe!«

»Ach, meinst du die Sache mit dem Sekretär?«, fiel ihr eine andere ins Wort, »das habe ich auch gesehen! Ob die wohl einen findet?«

Das wiederum hörte die Frau des Lokalredakteurs. Sie sagte nichts. Dass ausgerechnet sie wieder als Einzige nichts mitgekriegt hatte, war ihr peinlich. Aber sie hasste die Zeitung, weil ihr Mann oft bis spätabends im Büro hockte. Doch nun war sie neugierig, und als sie nach Hause kam, blätterte sie so lange, bis sie die Anzeige gefunden hatte.

»Was ist denn da so spannend?«, fragte ihr Mann, als er zur Tür hereinkam und seine Frau zu seiner Verblüffung mit der Lokalzeitung beschäftigt fand – und das am Abend!

Da hatte die gute Fee erreicht, was sie wollte. Denn was ein guter Lokaljournalist ist, und dieser war einer von jener raren Art, der hat einen Riecher für interessante Geschichten. Dieser Sache wollte der Mann nachgehen.

Erst zwei Wochen später kam er dazu, die Jungunternehmerin anzurufen – was aber nicht schlimm war, weil die Geschichte ja nicht weglief. Wie zu erwarten, hatte sich immer noch kein geeigneter Sekretär bei der Auftraggeberin der ungewöhnlichen Anzeige beworben. Aber was er da am Telefon hörte, veranlasste ihn, einen Fotografen in das Büro der Dame zu schicken, denn die Geschichte war einfach zu schön, um nicht gebracht zu werden.

Was war geschehen? Ihre Erfahrungen mit dem Thema Sekretär hatten die Jungunternehmerin auf eine Idee gebracht. Sie war fest entschlossen, eine zweite Firma zu gründen, mit der sie in eine Marktlücke stoßen wollte. Die hieß »Der Sekretär GmbH« und gab in ihrem Unternehmenszweck an, Männer in Frauenberufe zu vermitteln. Die Domain www.der-sekretär.de war zum Glück noch zu haben gewesen.

Den Namen hatte sie nur gewählt wegen ihrer speziellen Erfahrung; aber es sollte natürlich keinesfalls nur um Sekretäre gehen, sondern genauso um Kinderjungen und Hebammeriche. Sie hatte schließlich genügend Frauenliteratur gelesen, um jetzt auch mal etwas für die Emanzipation der Männer zu tun.

Ob das Unternehmen von Erfolg gekrönt sein würde, konnte man zu diesem Zeitpunkt natürlich noch nicht sagen. Aber eines brachte es der Unternehmerin auf jeden Fall: Aufmerksamkeit für das Übersetzungsbüro, dem die Gründerin die Sekretär-Erfahrung verdankte.

Eine Geschichte in der Lokalzeitung über eine junge Frau und ihren liebenswerten Versuch, die Welt ein wenig zu verändern, machte die Jungunternehmerin für einige Tage zum Stadtgespräch und verhalf ihr zu einer ganzen Reihe von interessanten Aufträgen.

Die Geschichte war schließlich mit einem so großen Foto erschienen, dass man sie kaum übersehen konnte. Denn auch das hatte die gute Fee bedacht: Dies alles passierte in der Ferienzeit. Und obwohl Journalisten immer beteuern, ein Sommerloch gebe es nicht, haben manche Geschichten doch zu dieser Zeit eher Konjunktur als zu anderen.

Chérie

Oder: Die Multitasking-Prinzessin

Diese Geschichte spielt auf einer Insel. Obwohl sie im 21. Jahrhundert spielt, laufen die Anwälte und Anwältinnen dort immer noch mit Perücken herum, die aussehen, als seien sie bei Ludwig XIV. ausgeliehen. Zu den Perücken tragen sie Talare; aber manche tragen seidene Talare. Das sind diejenigen, die mehr Geld nehmen dürfen als die anderen.

Meistens sind es die Männer, die mehr Geld nehmen dürfen, aber nur meistens. Denn es gibt da eine Ausnahme mit einem Namen, der so gar nicht auf die Insel passen will: Chérie.

Das klingt zwar wie »Herzchen«; doch das täuscht: Ein Herzchen ist die Anwältin Chérie nicht; sie ist nur klug und weiß ihr Glück zu machen. Ob sie das auf ihrer Nonnenschule gelernt hat? Man weiß es nicht. Anzunehmen ist nur, dass sie ihre positive Einstellung zur Mutterschaft dort aufgesogen hat. Denn Chérie hat vier Kinder.

Wie es zu einer klugen und geschäftstüchtigen Frau passt, hat Chérie die Kinder nicht von irgendwem, sondern von einem Mann, der immerhin Häuptling des Inselvolkes war. Als Frau an seiner Seite hätte sie sich, wenn ihr das nicht zu spießig gewesen wäre, glatt als Gattin eines deutschen Kanzlers qualifizieren können; so sehr pflegte sie den Gatten bei offiziellen Anlässen anzuhimmeln. Aber wenn sie Geschäfte machte, auch Immobiliengeschäfte, dann zeigte sie dem Inselvolk immer wieder, was »Multitasking« ist. Das ist ein Wort aus der sehr praktischen Inselsprache, die es fertigbringt, für die Aussage »Dinge-gleichzeitig-und-trotzdem-effektiv-tun« mit nur vier Silben auszukommen.

Doch statt dass das Inselvolk seine erste Dame bewundert hätte, wandte es sich mit Entsetzen ab. In einer Umfrage des größten Inselsenders nach der Person, die das Publikum am liebsten von der grünen Scholle verweisen würde, kam Chérie sogar »an die erste Stelle vor dem einäugigen muslimischen Fundamentalisten Abu Hamza«.

Aber Chérie gehörte zu der Sorte moderner Frauen, für die dieses Buch geschrieben ist: Sie lachte über solche Sachen und machte weiterhin gute Geschäfte. Denn merke: Die Multitasking-Prinzessinnen von heute vertragen es, nicht von allen geliebt zu werden – vor allem, wenn sie nicht nur einen tollen Beruf haben, sondern auch einen Partner, mit dem sie gut auskommen.

Bei Chérie schien das der Fall. Sie war schon ungefähr vierzig, als sie ihr viertes Kind bekam, auch dieses, wie die drei davor, vom Häuptling des Inselvolks. »À la bonne heure!«, hätte man Chérie gern zugerufen, wenn das nicht ein Glückwunsch aus dem Lande der Fröschefresser wäre, auf das sie auf der Insel noch nie sonderlich gut zu sprechen waren.

Schönheit

Oder: Die schillernde Währung

Wenn man als Frau allein zu geschäftlichen Anlässen geht, und das kommt mit zunehmendem Eindringen der Frauen in die Männerwelt der Wirtschaft immer häufiger vor, kann man bemerkenswerte Studien über die Funktion der Schönheit anstellen.

Sie kennen das: Vor dem eigentlichen Programm und den Reden stehen sie alle in Grüppchen herum, meist überwiegend Männer, scheinbar nur in dieses eine Gespräch vertieft, aber mit unruhig in den Saal hineinsuchenden Augen. Es gilt, die Gelegenheit zu nutzen, jenseits der ausschließlich ergebnisorientierten Geschäftstermine das eine oder andere Geschäft, vielleicht auch nur den einen oder anderen potenziell nützlichen Kontakt anzubahnen und, wenn dies schon nicht möglich ist, wenigstens bestehende Kontakte zu pflegen: Der Mann als Jäger und Sammler in seiner neuzeitlichen Ausprägung, wie ihn alle Industrienationen kennen.

Einzudringen in diese Jäger-und-Sammler-Kreise, und das nicht etwa als Begleiterin eines Typs dieser Spezies, sondern als Frau, die sich am Empfang mit eigenem Namen und eigenem Recht in die Gästeliste eingetragen hat, hat seine Tücken – es sei denn, Sie hätten auch als Frau ausnahmsweise so viel Macht oder Geld und am besten beides, dass sich die Herren mit ihrem ausgeprägten Instinkt für fette Beute von selbst um Sie scharen. Wobei Sie die fette Beute ruhig wörtlich nehmen können: Sie können aussehen, wie Sie wollen, und auch so voluminös sein, wie Sie wollen, wenn Sie nur reich und mächtig genug sind – oder ersatzweise bei den Medien tätig. In letzterem Fall sind Sie zwar in aller Regel nicht reich; aber mächtig womöglich schon; Jäger und Sammler wollen das Erjagte und Gesammelte schließlich öffentlich dargestellt wissen.

Solange Sie aber noch nicht reich und mächtig sind und auch nicht journalistisch tätig, sind Sie für das Entree auf Ihre Erscheinung und auf den richtigen Ton angewiesen. Als sogenannte »schicke Frau« haben Sie selbstredend sofort Zugang zu allen Männerrunden – zum Schmücken und zum Kokettieren. Denn selbst der hässlichste, kleinste und fetteste Mann hält sich für einen Herzensbrecher, wenn er nur reich und mächtig genug ist.

Sollte der Anlass das Mitbringen von Partnern zulassen, ist aber noch nicht einmal der Zugang als schmückendes Beiwerk problemlos möglich, denn die mitgebrachten Ehefrauen werden sich nicht gerade darum bemühen, eine attraktive Single-Dame in ihre Runden hineinzuziehen.

Zum Mitreden und Geschäfte-Anbahnen – denn nichts anderes als das haben auch Sie entgegen allen anders gearteten Annahmen der anwesenden Männer selbst als mögliche Blondine vor – ist aber eine über Normalmaß hinausgehende Attraktivität keineswegs ideal. Sie können so klug daherreden, wie Sie wollen; die Männer haben bei »schicken Frauen« echte Probleme, sich auf etwas anderes als Busen und Beine zu konzentrieren.

Achten Sie mal drauf: Die Frauen, die bei männerdominierten Anlässen am besten klarkommen, sind meist die etwas graueren Mäuse. Hinter deren Rücken wird dann zwar gelästert, dass sie sich »auch mal die Haare waschen« könnten (beliebter Spruch über eine bekannte grüne Politikerin) oder, noch radikaler, »mal den Friseur wechseln« sollten (bei einer bekannten Politikerin einer anderen Partei so lange geschehen, bis sie es getan hat); aber sie dürfen mitreden. »Spiel nicht mit den Schmuddelkindern« hieß ein Lied der Achtundsechziger, das zum Gegenteil aufforderte. Was die Frauen angeht, halten sich die Männer ganz famos an die Lektion: Je unscheinbarer das Weib, desto eher darf es mitspielen.

Was lehren uns diese Beobachtungen, liebe Freundinnen? Ganz einfach: Es ist absolut unsinnig, sich für einen geschäftlichen Anlass aufzubrezeln. Sie wissen schon: neue Blondsträhnchen vom Friseur und Stöckelschuhe zu engen Röcken. Sie sind nicht auf Partnersuche, sondern auf der Ausschau nach Geschäften, und alles, was Sie so erreichen, sind anzügliche Scherze und schmerzende Füße.

Die Haare gut geschnitten und frisch gewaschen wie immer, ein Hosenanzug und flache Schuhe tun es absolut. Wenn Sie klein sind, aber keine Lust haben, zu Ihren Gesprächspartnern aufzusehen, sondern lieber »auf Augenhöhe« verhandeln, packen Sie wenigstens ein paar Gelsohlen in die hochhackigen Schuhe, damit Sie sich auch nach zwei Stunden Stehen noch wohlfühlen und sich auf Ihre Gespräche statt auf schmerzende Füße konzentrieren können.

Und nehmen Sie keine albernen Handtaschen mit, die Sie nur verlieren können, sondern haben Sie das, was Sie gegebenenfalls brauchen, griffbereit in den Jackettaschen: Visitenkarten und einen Mini-Schreibblock mit Stift, Ihren Palm oder Faltkalender, ein paar kleine Scheine, vor allem für Taxi und Trinkgelder, und ein paar Münzen für das Garderobenmädchen und die Klofrau. Es ist peinlich für das gesamte Geschlecht, dass Frauen oft so geizig sind. Denn merke: Wer bei kleinen Leuten nicht wohlgelitten ist, der hat schon verloren.

Auch für Ihr Handy sollte in Ihrem Jackett Platz sein, damit Sie sich jederzeit ein Taxi rufen können, falls Sie noch keinen Fahrer haben. Denn es ist ziemlich zickig, den ganzen Abend mit Apfelschorle herumzustehen, statt ein schönes Bierchen mitzuzischen; und drei Monate ohne Führerschein können Ihren Geschäften mehr schaden als das Engagement eines geringfügig beschäftigten Frührentners für gelegentliche Fahrdienste. Außerdem können Sie sich dann die Inszenierung gönnen zu sagen »Es wird Zeit für mich«, um Ihr Handy zu zücken und ganz offensichtlich Ihren Fahrer zu rufen.

Alles gut, werden Sie nun sagen; aber wo kriege ich das Jackett her, in das all diese Sachen reinpassen? Nun, Verehrteste, das werden Sie sich wahrscheinlich nähen lassen müssen. Denn die Konfektionäre haben es leider immer noch nicht verstanden, ernst zu nehmende Business-Mode für Frauen auf den Markt zu bringen. Aber es spricht auch nichts dagegen, sich in ein vorhandenes Lieblingsstück ein paar Innentaschen zusätzlich nähen zu lassen. Wenn es darum geht, nur wegen der veränderten Mode die Stücke mit den zu breiten Schultern ändern zu lassen, sind Sie ja auch erfinderisch. Warum nicht mal zur Abwechslung ein wenig Erfindungsreichtum mit Geschäftssinn?

Die wilden Pferde

Oder: Eine dufte Geschichte

Es war einmal ein großes Unternehmen, das überall auf der Welt viel Geld damit verdiente, dass es wusste, wie man die Chemie für die Menschen nützlich macht. Aber besonders viel Geld verdiente die Firma mit Waschmitteln.

Manche Mittel, die das Unternehmen verkaufte, kannten die Menschen schon seit Generationen, und jeder neuen Generation erzählten die Werber, die das Unternehmen beschäftigte, schon zu einer Zeit, als die Werbung noch »Reklame« hieß, dies sei aber nun das beste Waschmittel, das sie je gemacht hätten. Das klang zwar arg nach Übertreibung; aber wenn die Menschen daraufhin das Waschmittel kauften, merkten sie, dass es stimmte.

Der Name des führenden Produktes der Firma war schon vor Jahrzehnten der Inbegriff für eine ganze Produktgattung, ähnlich wie »Tempo« für Papiertaschentücher und »o. b.« für Tampons. Sogar Männer, und vor allem diese, begehrten nach einem der schlimmsten Kriege der Menschheitsgeschichte einen »Persil-Schein«, um sich im übertragenen Sinne reinwaschen zu lassen von denen, die sich den Nazis verweigert hatten.

Das Unternehmen beschäftigte viele schlaue Leute. Sie wussten zum Beispiel, dass es Länder gibt, wie Deutschland, in denen die Hausfrauen ihre Waschmittel in Pulverform wollen, und andere, wie Italien, in denen die Mittel unbedingt flüssig sein müssen.

Aus langer Erfahrung wusste das Unternehmen auch, dass selbst das beste Produkt nicht ewig lebt, und dass man immer wieder neue Produkte erfinden muss, um auch in Zukunft gute Geschäfte zu machen. Darum erschuf es eines Tages zu den ausgezeichneten Waschmitteln, die es schon hatte, noch ein neues dazu.

Natürlich musste das Kind einen Namen haben, und weil es ganz offensichtlich von unbändiger Waschkraft war, bekam es nach langen Überlegungen im Hause und teurer Marktforschung draußen den Namen »Mustang«.

Da Mustang nach den Worten des großen Waschmittel-Chefs »den Markt erobern« würde, sollte an der Werbung nicht gespart werden. Darüber freute sich eine Werbeagentur, die für viel Geld Fernsehwerbung mit echten Wildpferden produzieren ließ, Szenen, in denen die ganze Kraft des Mittels zum Ausdruck kommen sollte – und seine Natürlichkeit. Denn nachdem die Flüsse nach den wilden Wasch-Orgien einer Zeit, die eine spätere als »Wirtschaftswunder-Jahre« bezeichnete, zu schäumen begonnen hatten, waren die Menschen im Lande und auch die Unternehmen sensibler geworden für die Belange der Natur.

Es war also alles bestens vorbereitet für den »Markteintritt« von Mustang, und alle Voraussagen über seinen Erfolg waren ausgezeichnet; Mustang hieß zwar wie ein Pferd, hatte aber das Zeug zum Dukatenesel.

Mustang wurde aber kein Dukatenesel; im Gegenteil: Mustang wurde einer der teuersten Flops in der Geschichte des Unternehmens. Die Menschen wollten es nicht kaufen.

Die Waschmittel-Manager grämten sich, ohne eine Erklärung für den Misserfolg zu finden. Es hatte doch alles gestimmt! Das Produkt, die Ergebnisse in den Testmärkten, die Marktstrategien, alles! So etwas hatten sie noch nicht erlebt; sie waren ratlos.

Da erschien einem der Vorstandsherren im Traum eine Elfe. »Herr Dr. Oberwäscher«, sagte die Elfe, »ich verstehe euren Kummer. Aber bevor ihr euch weiter grämt, sorgt lieber dafür, dass so etwas nicht wieder passiert.«

»Aber was sollen wir denn machen?«, sagte Dr. Oberwäscher, »die Marktforscher haben uns doch einen riesigen Erfolg prophezeit!«

»Ja«, sagte die Elfe, »die Marktforscher. Aber habt ihr euch auch einmal euer eigenes Team angesehen?«

»Wieso?«, empörte sich der Vorstand, »das sind doch alles exzellente Leute!«

»Wohl wahr«, sagte die Elfe leise, »aber alles nur Männer. Dabei macht ihr doch Produkte für Frauen.«

Der Vorstandsmann sprang fast auf wie ein Mustang, als die Elfe fortfuhr: »Glaubt ihr denn wirklich, eine Frau Vorständin hätte dem Namen Mustang zugestimmt?«

»Ja, aber warum denn nicht?«, schrie der Mann.

Die Elfe lächelte nur. »Ach«, sagte sie, »selbst wenn sie Pferde liebt, weiß doch jede Frau, die den Duft frisch gewaschener Wäsche schätzt, dass dies und der Geruch der Zossen nicht so recht zusammenpassen wollen.«

Schweißgebadet wachte der Vorstandsmann auf.

Am nächsten Morgen bezog die Zugehfrau das Bett neu. Die verschwitzte Garnitur wanderte in die Waschmaschine. In die Spülkammer füllte die Zugehfrau ein Waschmittel aus dem Hause ihres Chefs. Es hieß Mustang und zeigte Pferde auf der Packung. Denn irgendwo musste das Zeug ja aufgebraucht werden.

Der Verzeihungstatbestand

Oder: Eine rechtmäßige Geschichte

Ja, das haben die Kultusminister bei ihren Bemühungen um die Reform unserer Rechtschreibung anfangs zu wenig bedacht: dass man durch einen klitzekleinen Abstand zwischen zwei Buchstaben eine Welt von Unterschied schaffen kann. Ein Millimeter nur – und schon ist aus einer »rechtmäßigen« eine »recht mäßige« Geschichte geworden, wenn nicht das gesprochene Wort und mit ihm die eindeutige Betonung dazukommen. Diese Geschichte hier gehört – hoffentlich – in die zuerst genannte Kategorie, denn sie handelt von einem Anwalt.

Trotz seiner inzwischen erreichten siebzig Lebensjahre praktizierte dieser Anwalt noch. Das war im Jahr, das fälschlich als »Jahrtausendwende« bezeichnet wurde, zu einer Zeit also, als Deutschlands Anwälte noch nicht in dem Maße wie heute dem Druck ausgesetzt waren, spätestens mit sechzig Platz für die mit den Hufen scharrenden jüngeren Partner in den Kanzleien zu machen.

Der Anwalt, von dem hier die Rede ist, war in einer Kleinstadt in Norddeutschland zu Hause und hatte auch die typisch norddeutsche Gabe eines recht trockenen Humors, mit dem er selbst den bittersten Stunden seines Berufslebens urkomische Seiten abzugewinnen wusste.

Eine seiner Anekdoten aus vierzig Jahren Anwaltstätigkeit in vermeintlicher Kleinstadtidylle ist nicht nur komisch, sondern vor allem hochgradig prädestiniert für ein ›Märchenbuch für Managerinnen‹, weil sie uns etwas ganz Wichtiges über die Männer lehrt. Denn, verehrte

Damen, wenn wir nicht wissen, wie die Herren ticken – wie wollen wir da erfolgreich sein?

Als der Erzähler der Anekdote jung war, und ein Anwalt ist mit dreißig Jahren jung, galt in Deutschland bei einer Ehescheidung noch das Schuldprinzip, und dieser hier hatte vor Gericht einen für ihn damals uralten Herrn von über siebzig Jahren zu vertreten, der von seiner Frau geschieden sein wollte – schuldlos bitte, denn sie habe ihn schlecht behandelt.

Es lief auch alles sehr gut für unseren jungen Anwalt in diesem Prozess – bis der Richter fragte, wann das streitende Paar denn zuletzt ehelichen Verkehr gehabt habe. Die von dem Mandanten unseres Freundes nicht dementierte Antwort der Frau, »vorgestern«, hatte zur Folge, dass dieser den Prozess verlor, denn nach damaligem Verständnis galt der vollzogene eheliche Verkehr als »Verzeihungstatbestand«, der selbst nach einem zugegebenen Seitensprung eine schuldtilgende Wirkung hatte.

Nun dürfen Sie bitte nicht denken, unser junger Anwalt habe im Studium nicht aufgepasst. Im Gegenteil: Er war ein so ausgezeichneter Jurist, dass er vielleicht niemals in der norddeutschen Tiefebene gelandet wäre, wenn da nicht die Kanzlei des Vaters auf ihn gewartet hätte. Es war nur einfach so, dass er sich mit seinen dreißig Jahren nicht hatte vorstellen können, dass ein über Siebzigjähriger überhaupt noch für die Schaffung von Verzeihungstatbeständen in Frage käme. Darum suchte er sich nach dem verlorenen Prozess Rat und Trost bei einem erfahrenen Kollegen, der kurz vor der Pensionierung stand.

Von dem hörte er die Botschaft, die nicht unschuldig daran ist, dass die Geschichte in dieses Märchenbuch

Eingang gefunden hat. Sie lautete: »Junger Freund, merken Sie sich: Der Mann steigt mit der Jugendkraft seiner Lenden ins Grab.«

Dank dieses Spruchs und der damit verbundenen Erkenntnis hat unser Freund dann zu Zeiten des Schuldprinzips nie mehr einen Scheidungsprozess verloren – bis auf einen.

Wieder hatte er aus einer zerstörten Partnerschaft den Mann zu vertreten, und der Prozess hätte eigentlich nicht verloren gehen dürfen, weil die Aussage des Mannes, seine Frau gehe durch die Stadt und verbreite, er sei ein »Hurenbock«, von mehreren Zeugen bestätigt wurde. Außerdem hatte unser Freund sich hier trotz des fortgeschrittenen Alters beider beteiligten Partner vor dem Hintergrund des Hurenbock-Vorwurfes besonders sorgfältig vergewissert, dass es in jüngster Zeit zu keinem ehelichen Verkehr zwischen den beiden Streitenden gekommen war.

Seiner Sache ganz sicher, animierte unser Anwalt darum sogar noch den Richter zu der Frage an die Frau: »Und wann hatten Sie den letzten ehelichen Verkehr mit Ihrem Mann?« Wie die Frau zur kompletten Verblüffung aller sagt: »Gestern Abend noch!«, ruft der Mann etwas in den Saal, das erst Lähmung und dann extreme Heiterkeit auslöst: »Ich doch nicht mit ihr – sie mit mir!«

Da hatte unser Freund den Prozess verloren. Nach seiner Interpretation hatte er so erneut und für ihn schmerzhaft eine Bestätigung dafür gefunden, dass es stimmt: Der Mann steigt mit der Jugendkraft seiner Lenden ins Grab.

Als zuhörende Frau konnte man die Geschichte natürlich auch so deuten, dass ja hier wohl eher die Frau von erstaunlicher Jugendkraft heimgesucht worden war. Aber so etwas würde man ja als Frau nicht sagen; nur denken wird man sich etwas bei der männlichen Auslegung der Vorgänge.

Die Moral von der Geschichte ist eine, die uns Frauen vergnügt machen kann, weil wir zumindest ab einem bestimmten Alter souveräner sind als die Herren: Selbst Männer, die bis ins hohe Alter im Vollbesitz ihrer geistigen Kräfte sind, beziehen einen nennenswerten Teil ihres Selbstbewusstseins, aber natürlich auch einen ebenso großen Teil ihres Selbstzweifels, aus der Jugendkraft oder -nichtkraft ihrer »Lenden«. Und das gilt für den angegrauten Spitzenmanager nicht anders als für seinen Chauffeur.

Katzenjammer

Oder: Die Geschichte einer Überfliegerin

Es war einmal ein kluges kleines Mädchen, das war so gut in der Schule, dass alle staunten. Als es in die Grundschule kam, konnte es bereits lesen, obwohl es ihm niemand beigebracht hatte. Das hatte sich das kluge Kind alles ganz allein zusammengereimt. Auf dem Gymnasium ging das so weiter. Während die anderen kleinen Mädchen den ganzen Tag lernen mussten, um die Lateinvokabeln zu können, brauchte unser Wunderkind auf der morgendlichen Fahrt im Bus nur einmal draufzugucken – schon konnte es alle Vokabeln auswendig.

»Adelheid hat ein eidetisches Gedächtnis«, sagte der Lateinlehrer, und keiner wusste, was das bedeutet; aber alle wussten, dass es kein Schimpfwort war.

Das ging so weiter mit Adelheid: Erst übersprang sie eine Klasse, dann machte sie auch noch das beste Abitur, und das Studium zog sie durch, als wäre es ein Spaziergang. Nicht lange, und sie stand selbst vor den Studenten, als jüngste Frau Doktor, die ihre Uni je gesehen hatte. Nicht wenige Studenten in ihren Seminaren waren älter als sie.

Nur mit den Männern wollte es nicht so recht klappen. Nicht, dass sich niemand für Adelheid interessiert hätte! Sie war nicht nur klug, sie war auch hübsch. Aber umgekehrt passte es nicht: Die Männer waren, wenn klug, dann nicht hübsch anzusehen, und wenn hübsch anzusehen, dann nicht klug. Aber weil auch eine kluge Frau abends gern was zum Kuscheln hat, legte

Adelheid sich eine Katze zu. Das Tier bekam nur das feinste Futter.

Seit sie die Katze hatte, guckte Adelheid die Männer noch kritischer an. Trotzdem heiratete sie eines Tages. Der Mann war keine Schönheit, aber sehr gebildet, und ein Professorengehalt hatte er auch. Nun brauchte Adelheid nicht mehr allein zu Kongressen zu reisen, und bei den gesellschaftlichen Veranstaltungen war der Stress mit den anderen Frauen vorbei: Diese hier, obwohl klug und schön, war ja nun versorgt und deshalb nicht mehr die allergrößte Gefahr für die Männer im Markt.

Adelheid machte große Karriere. Mit dreißig hielt sie Vorträge in aller Welt, mit fünfunddreißig wurde sie als Ministerin gehandelt, mit vierzig wurde sie es. In den Zeitungen sah man fast jeden Tag ihr schönes Gesicht, und ihr Professorengatte begleitete sie brav zu allen Terminen. Sie schrieb ein Gutachten nach dem andern, verdiente viel Geld und tauchte regelmäßig in Talkshows auf. Als sie fünfundvierzig war, schrieb ein Bewunderer von einem Wirtschaftsmagazin ihre Biografie, und das Buch wurde ein Bestseller.

Auf dem Umschlag sah man Adelheid mit ihrer Katze. Was die Katze anging, passte das. Denn normalerweise schreibt man eine Biografie am Ende eines Lebens, und die Katze war tatsächlich bereits tot, als das Buch in die Läden kam.

Adelheid konnte das Buch nicht ansehen, ohne dass ihr die Tränen kamen. Darum vernichtete sie bei den Exemplaren, die der Verlag ihr geschickt hatte, sämtliche Umschläge. Aber es kam noch viel schlimmer, und zwar beim fünfzigsten Geburtstag ihrer Schwester. Adelheid hatte zu ihrer Familie zwar keine besonders intensive

Beziehung, aber zu runden Geburtstagen ließ sie sich blicken.

Ihre Schwester Jutta, genannt Jütte, hatte es im Leben nach Adelheids Kriterien nicht besonders weit gebracht: der Mann mittlerer Beamter, das Haus ein bescheidenes Reihenhaus, das Auto ein Diesel-Kombi. Die Urlaube fanden auf Campingplätzen statt, denn die Schwester und ihr Mann machten Ferien im Wohnwagen. Das hatten sie angefangen, als die Kinder noch klein waren, und derer hatten sie vier.

Der fünfzigste Geburtstag von Jütte fand nicht in einem Hotel oder Restaurant statt, sondern in der Turnhalle des Sportvereins, dem Jüttes Mann als Kassenwart vorstand. Es war Hochsommer, und die Sportsfreunde hatten den ganzen Saal mit Sonnenblumen geschmückt und vor dem Saal wegen der Hitze ein paar einfache Zelte aufgebaut. Adelheid war wegen der Sonne mit Hut gekommen; ihr Mann erschien im leichten Leinenanzug, aber mit Hemd und Krawatte.

So viel Korrektheit erschien den anderen Gästen kaum angemessen: Die Herren hatten meist auf ein Jackett verzichtet, einige trugen sogar offene Hemden, und nicht wenige Damen meinten zu Adelheids Entsetzen, nackte ältere Beine vorzeigen zu sollen.

Erstaunlich korrekt erschienen die Kinder der Schwester, drei Söhne und eine Tochter. Der Älteste, Jurist, verheiratet und selbst bereits Vater zweier Kinder; dann der Zweite, Mediziner, ebenfalls schon verheiratet und mit schwangerer Frau angereist. Sodann das Mädchen, Sängerin geworden und damit völlig aus der Art geschlagen, und schließlich das Nesthäkchen, wieder ein Junge, der noch zur Schule ging.

Adelheid hatte die Neffen und die Nichte lange nicht gesehen und staunte, als alle vier nach der Suppe auf die Tanzfläche gingen. Was folgte, war eine witzige, originelle, liebevolle Show, zusammengestellt für die Mutter, in deren Verlauf die Sängerin die wichtigsten Aussagen zusammen mit dem Publikum intonierte. Als die Show zu Ende war, lief ihre Schwester auf die Tanzfläche und umarmte der Reihe nach die Kinder. Sie sei so glücklich, dass sie heulen müsse, sagte die Schwester, was sie denn auch unübersehbar tat.

Auf dem Weg nach Hause war Adelheid sehr still. Sie dachte über ihr Leben nach, über ihren großen wirtschaftlichen und persönlichen Erfolg, über die Vergangenheit und die Gegenwart und auch über die Zukunft.

Auf einmal hatte sie wieder das Cover ihres Buches vor Augen. Da überkam sie ein großer Katzenjammer und sie bereute zutiefst, dass sie das Schönste im Leben verpasst hatte: Kinder.

Vom Altern

Oder: Die zeitlos schönen Männer

Dieser Scherz über das Altern ist uralt: Die Frauen verblühen, und die Männer verduften. An solche und ähnliche Primitiv-Regeln kann sich erinnert fühlen, wer beobachtet, wie die Gesellschaft alternde Frauen behandelt. Da macht es nichts, dass angesichts einer deutlich gestiegenen Lebenserwartung eine heute Fünfundvierzigjährige die zweite Hälfte ihres Lebens noch vor sich hat; kaum lässt sie die ersten Falten erkennen, heißt es: »Der Lack ist ab.«

Plötzlich taugen die Damen nicht mehr zum Verlesen der Nachrichten vor der Kamera, und plötzlich tun sich fünfunddreißigjährige Firmen-Parvenus männlichen Geschlechtes schwer, mit solchen Damen zusammenzuarbeiten; sie wollen was Jüngeres, vor allem »im Vorzimmer«. Manch gestandene Sekretärin weiß ein Lied davon zu singen. Da mag sie hundertmal besser sein als das junge Ding, das der neue Chef eingestellt hat; dennoch wird sie fortan auf der Liste der Agentur für Arbeit als Langzeitarbeitslose geführt und verhilft dem Arbeitgeber, der bereit ist, weniger auf ihre Falten zu sehen als auf ihre Erfahrung und ihre Zuverlässigkeit, zu einem Zuschuss bei der »Wiedereingliederung«.

Männer halten sich bekanntermaßen bis ins hohe Alter hinein für grundsätzlich attraktiv. Falten, so finden sie, machen sie höchstens markanter, erste graue Haare noch verführerischer, und selbst eine Glatze zeugt allenfalls von erhöhter Potenz. Zugegeben: Der Bauch unter der Weste ist seit den Zeiten der goldenen Taschenuhren samt dem Begriff »Embonpoint« ein wenig aus der Mode gekommen; aber selbst diejenigen Männer, die nicht mehr in der Lage sind, ihr Gewicht zu kontrollieren, weil die meisten Bodenwaagen es erforderlich machen, dass man über seinen Vorbau hinwegsieht, werden von einer Leibesfülle in der Dimension einer Schwangerschaft im neunten Monat weniger verunsichert als eine Frau von einer einzigen Krampfader.

Wir sind sehr kritisch mit uns selbst. Keine einschlägige Umfrage einer Frauenzeitschrift, die nicht zutage förderte, dass die Frauen eigentlich nie so richtig zufrieden mit ihrem Körper sind.

Die eine meint, ihr Busen sei zu klein, der anderen ist ihrer zu groß. Diese klagt über Cellulitis an den Oberschenkeln, jene über ein Doppelkinn und wieder eine andere über zu dünnes Haar. Mit ihrem Gewicht ist praktisch keine zufrieden, zumindest nicht mit der Verteilung. Ach, wie viele Frauen würden die Massen gern umpacken: vom Bauch an den Busen, von den Oberschenkeln an den Po, je nachdem. Und seit man das faktisch sogar kann, sind nicht wenige bereit, ein Vermögen und vielleicht sogar ihr Leben zu riskieren für ein wenig Fettabsaugung hier und ein wenig Unterspritzung da. »Ich will so bleiben, wie ich bin« – diesen Spruch gibt es nur in der Werbung.

Nun fördert Unzufriedenheit mit sich selbst nicht gerade das Selbstvertrauen und die Ausstrahlung von Souveränität und Sicherheit. Es liegt darum zu einem nicht geringen Teil an – Verzeihung – uns blöden Weibern, dass wir, wenn wir älter werden und die Unzufriedenheit mit mancherlei körperlichen Erscheinungen zwangsläufig wächst, von den Männern so behandelt werden, wie wir es oft erleben.

Lassen Sie mich dazu eine kleine Geschichte erzählen von einem Empfang im Ruhrgebiet, bei dem auch eine Reihe von Parteifunktionären geladen war. Dazu muss man wissen: Unter manchen »Demokraten« an der Ruhr gibt es eine Sorte, die auch im finstersten Bayerischen Wald das menschliche Klima nicht nennenswert durcheinanderbringen würde. Auch, was ihre Einstellung zu Weibsbildern angeht.

Es gab ein Büfett, aber nur wenige Sitzplätze. Eine Managerin, schlank, elegant gekleidet, aber sicher schon um die fünfzig, mochte ihren Teller beim Essen nicht balancieren und setzte sich daher zwischen eine Gruppe von Männern. Man hatte sich hier und da schon einmal beiläufig gesehen.

»Hier ist doch sicher noch ein Plätzchen frei«, sagte die Dame. Worauf der Mann, der ihr am nächsten saß, ein Sportfunktionär, auch etwa fünfzig und nicht gerade ein Typ für den Laufsteg, kommentierte: »So ist das: Da denkste immer, die jungen, schönen Mädchen interessieren sich für dich; und dann kommen nur die älteren Damen.« Die Männer lachten.

Die Dame lachte nicht. Sie musterte den Mann mit großen Augen und sagte: »Das tut mir aber leid für Sie; das konnte ich nicht ahnen.« Diesmal hatte sie die Lacher auf ihrer Seite. Denn das muss man den Ruhris lassen: Wenn einer einem anderen den Ball abnimmt und dann auch noch ein Tor macht, sind sie voller Bewunderung, selbst wenn der Schütze eine Frau ist. Sportsgeist lernt man in der Region; dazu braucht man noch nicht einmal Sportfunktionär zu sein.

Der schräge Kopf

Oder: Die Hab-mich-lieb-Managerin

Es gibt Männer, die füllen einen Raum, wenn sie ihn betreten. Dafür sorgt vor allem ihre Körpersprache: weite, ausufernde Gesten. Man steckt sein Territorium ab: Hier bin ich der Platzhirsch. Sie kennen das noch extremer von Hunden: Ein Rüde pinkelt jeden Baum an, den er zu seinem Herrschaftsgebiet zählt.

Den Machtanspruch eines raumfüllenden Mannes nicht zu respektieren, fällt schwer. Wie anders ist das bei den meisten Frauen! Sie mögen es bis ins mittlere Management geschafft haben, mögen Abteilungsleiterin sein in einem großen Konzern oder stellvertretende Geschäftsführerin in einem mittelständischen Betrieb; und doch spüren sie irgendwann das, was viele als die gläserne Decke beschrieben haben: Eigentlich ist da nichts, was ihren Karriere-Durchbruch nach ganz oben hindert, und dennoch geht es irgendwann nicht weiter.

Annabell war so eine Frau: erstklassiges BWL-Examen, Einstieg als Referentin in einen Pharma-Konzern, Produktmanagerin für eine der Pillen des Konzerns – mit guten Verkaufszahlen, Abteilungsleiterin Vertrieb für eine wichtige Produktgruppe und nun, so hoffte Annabell, auf dem Sprung ins Direktorium. Sie war 39 Jahre alt, hatte für den Job auf manches verzichtet, unter anderem auf Kinder, für die sie nun allmählich zu alt wurde, und sie hatte das Gefühl, einfach dran zu sein.

Tatsächlich wurde Annabell von allen geschätzt und sympathisch gefunden. Das lag vielleicht auch an der

Art, wie sie im Gespräch den Kopf leicht schräg legte und sich mit eng anliegenden Armen klein und liebenswert machte.

Nach dem Examen hatte sie mal an der Umfrage einer wissenschaftlichen Zeitschrift teilgenommen. Worauf führen Sie Ihren Erfolg im Studium zurück, hatte der Interviewer wissen wollen. Man konnte zwischen drei Aussagen wählen:

1. Ich habe härter gearbeitet als die meisten anderen.
2. Ich bin wohl begabter für dieses spezielle Studium als die meisten anderen.
3. Ich habe wohl einfach Glück gehabt.

Nun muss man wissen: Annabell hat erstens immer sehr fleißig gearbeitet und ist zweitens auch über alle Maßen begabt. Dennoch wählte sie Aussage Nummer 3. Man gibt schließlich nicht an als wohlerzogene Frau; das ist irgendwie peinlich.

Nachher erfuhr sie dann, dass die meisten männlichen Kommilitonen Aussage 1 oder 2 gewählt hatten und kaum einer Aussage 3. Dabei hatten die Jungs doch durch die Bank die schlechteren Examina gemacht!

Annabell lernte aus der Sache. Als es um den Referenten-Job bei dem Pharma-Unternehmen ging und im Einstellungsgespräch dieselbe Frage kam: »Worauf führen Sie Ihren Erfolg im Studium zurück?«, da sagte sie: »Ich bin wahrscheinlich einfach begabter als der Durchschnitt.«

Das imponierte dem Personalmanager, und sie bekam den Job. Auch wenn sie bei einer anderen Frage eine Dummheit begangen hatte, die sich in einem anderen

Unternehmen leicht zu ihrem Nachteil hätte auswirken können. »Wie wichtig ist Ihnen Geld?«, hatte der Personaler wissen wollen. Da hatte sie denselben Blödsinn zu Protokoll gegeben, den mindestens acht von zehn Anfängerinnen sich in solchen Situationen entlocken lassen: »Ach, wissen Sie, Geld ist mir nicht so wichtig. Mich reizt vor allem die interessante Aufgabe.«

Bingo! Und entsprechend schlecht werden die Damen dann normalerweise auch bezahlt. Deutschland ist hier, was viele nicht wissen, Entwicklungsland. Bereits Anfang 2005 hat das Magazin von Zonta International darauf hingewiesen, dass Frauen in Deutschland im Schnitt gerade einmal 73 Prozent der Gehälter von Männern in vergleichbaren Positionen bekommen. Die Lage hat sich seitdem keinesfalls gebessert. Eine Anfang Juni 2008 veröffentlichte Studie des Instituts der Deutschen Wirtschaft in Köln machte Einkommensunterschiede zwischen Männern und Frauen in Höhe von durchschnittlich 28 Prozent aus. Im europäischen Durchschnitt liegt der Unterschied aber bei »nur« 15 Prozent, so die ›WAZ‹ in einem Bericht vom 10. Juni 2008.

Zurück zu Annabell. Sie hatte Glück mit ihrer Firma: Das Gehalt war Teil der Ausschreibung für die Position und hätte wohl auch bei einem Mann kaum anders ausgesehen. Immerhin aber wusste sie in dem Moment, als sie die Bemerkung von der reizvollen Aufgabe losgelassen hatte, dass die klügere Antwort eine andere gewesen wäre: »Geld ist mir sogar sehr wichtig; es macht mich unabhängig.« Und wenn sie noch klüger gewesen wäre, hätte sie allen Ausschreibungsbedingungen zum Trotz die Gelegenheit genutzt zu pokern: »Apropos Geld: Da ist doch sicher noch was drin!«

Alle diese Dinge lernte Annabell im Laufe ihrer Karriere. Und sie war auch jederzeit in der Lage, diese Erkenntnisse geschliffen zu formulieren. Was sie an der Schwelle zum erhofften Sprung ins Direktorium aber immer noch nicht wusste, war etwas anderes, etwas, das viele Frauen nie lernen: nämlich, dass der Inhalt in der Kommunikation das für den Erfolg *Un*wesentlichste ist. Das heißt natürlich nicht, dass man Blödsinn erzählen darf; aber selbst der gescheiteste Inhalt macht keine zehn Prozent der Wirkung dessen aus, was wir reden. Mindestens dreimal wichtiger ist zum Beispiel die Stimme; aber der ganze Rest, mindestens 50 Prozent der gesamten Wirkung, ist Haltung, Gestik, Mimik, ist das, was der *Körper* sagt.

Annabell hat das nie erkannt. Ihr Kopf wollte aufsteigen, aber ihr Körper spielte nicht mit. Sie ist dann eines Tages als Abteilungsleiterin in den Ruhestand gegangen. Es gab ein sehr herzliches, liebevoll von der Firma organisiertes Abschiedsfest, denn alle mochten Annabell. Daran hatte sich nichts geändert. Aber an die Spitze war sie nie gekommen.

Deutschland

Oder: Männerwirtschaften

Es war einmal ein Land in der Mitte eines Kontinents, der nach einer Frau benannt war. Dieses Land war nach einem schlimmen Krieg, den es selbst angefangen und verloren hatte, in zwei Hälften geteilt. Die eine Hälfte hatte Glück gehabt mit den siegreichen Besatzern: Sie waren Anhänger der Freiheit und wollten, dass sich das kleine Land trotz aller Schuld, die es auf sich geladen hatte, wieder frei entwickelte.

Die Menschen in der anderen Hälfte hatten das schlechtere Los: Ihre Besatzer hielten nichts von Freiheit und Selbstbestimmung, sondern meinten, sie müssten den Menschen vorschreiben, was gut für sie ist. Gut für sie waren zum Beispiel stinkende Autos mit Zweitaktmotoren, auf die man auch noch zehn Jahre warten musste, Zeitungen, die die Einheitspartei verherrlichten, das Verbot, Sender aus dem anderen Teil des Landes zu sehen, Jugendweihe statt Kommunion und Konfirmation und die Unmöglichkeit, Bananen zu essen, weil es keine gab.

Weil das nicht alle Einwohner einsehen wollten und lieber in die andere Hälfte des Landes gehen wollten, bauten die Herrscher bald eine riesige Mauer um ihr Land – mit Stacheldraht drauf und Scharfschützen drum herum. Wenn dann noch einer versuchte zu fliehen, wurde er mit einiger Sicherheit erschossen.

Aber keine Gewaltherrschaft der Welt kann sich ewig halten; und so war nach vielen Toten an der Mauer und kurz bevor die Menschen wegstarben, die sich noch an die Zeit vor dem Krieg erinnern konnten, die Zeit reif für einen Aufruhr. Es war nicht der erste, aber der erste, der zum Erfolg führte: Die Mauer fiel, die Menschen aus beiden Teilen des Landes lagen sich tränenreich in den Armen; sie hatten die Gewaltherrscher besiegt.

Der nunmehr befreite Teil des Landes war in einem verheerenden Zustand: Straßen mit Schlaglöchern, heruntergekommene Häuser, und überall stank es nach Braunkohle; denn damit pflegten sie zu heizen. Aber es waren ja »unsere Brüder und Schwestern«, wie das im freien Teil des Landes betulich hieß; sie sprachen »unsere Sprache«, wenn auch in einem anfangs recht ungewohnten Tonfall, und darum meinte der dicke Mann, der damals gerade die Regierungsgeschäfte führte, indem er den Kopf etwas schräg legte und ergriffen mit den Augen zwinkerte, man werde aus dem befreiten Land »blühende Landschaften« machen.

Rein äußerlich entstanden die blühenden Landschaften wirklich, auch wenn sie mancherorts, wie etwa bei mehrspurigen Autobahnen zu kaum genutzten neuen Flughäfen, doch eher wie Beton aussahen. Ein Haus nach dem anderen wurde saniert; allerdings entstanden auch überall auf den schönen grünen Wiesen ziemlich hässliche Einkaufszentren, wo es alles gab, nicht nur Bananen.

Weil man aber versucht hatte, in zehn Jahren das aufzubauen, wozu man im freien Teil des Landes fünfzig Jahre Zeit gehabt hatte, wurde alles furchtbar teuer, und am Ende war das ganze vereinigte Land pleite. Erschwerend kam hinzu, dass nach dem dicken Kanzler, der auch schon mehr Geld ausgab, als das Land aus Steuern einnahm, ein neuer Kanzler gewählt worden war, der von Geld noch viel weniger verstand.

Er und seine Minister meinten es gut. Da von den 80 Millionen Einwohnern des wiedervereinigten Landes immer weniger Arbeit hatten, ließen sie sich Lösungen einfallen, die sie »Ich-AGs« und »Ein-Euro-Jobs« nannten und die die Menschen wieder in Arbeit bringen sollten. Und damit das alles nach Vernunft und Marktwirtschaft klang, opferten sie sogar eine kleine Million, um ihrem Arbeitsamt einen neuen Namen zu geben: Es hieß jetzt »Agentur für Arbeit« und damit fast so fesch wie »Werbeagentur« oder »PR-Agentur«.

Doch leider stellte sich heraus, dass alles, was sie da taten, zwar gut klang, aber letztlich nur noch mehr Geld kostete und auch nicht zu weniger Arbeitslosen führte. Als die Zahl partout nicht unter die inzwischen erreichten fünf Millionen sinken wollte, erkannten die Menschen, dass ihre Regierung nicht mit Geld umgehen konnte. Und als selbst Fernsehen, Zeitungen und Zeitschriften das erkannten, dieselben Medien, die den Nachfolger des dicken Regierungschefs zum »Medienkanzler« gemacht hatten, weil er der erste »Linke« in eleganten Anzügen war, da warf der Mann das Handtuch und sagte in seinem ihm vom dicken Vorgänger hinterlassenen Protz-Palast in der Hauptstadt: »Ich will hier raus.«

Draußen vor der Tür wartete bereits eine Frau aus dem früher unfreien Teil des Landes, die gern reinwollte, eine Frau, die der dicke Kanzler immer gern als das »Mädchen« tituliert hatte. Und auf einmal, aber möglicherweise nur für kurze Zeit, dachten die Menschen im Lande: Es könnte ja sein, dass eine Frau es am Ende besser kann.

Gerade die einfachen Gemüter dachten das, denn sie

wussten ja, wie sehr bei ihnen zu Hause die Frau das Geld beieinander hielt, das sie lieber in die Kneipe tragen würden. Und darum waren sie ausnahmsweise, aber auch wirklich nur ausnahmsweise und in Anbetracht des von Männern angerichteten Elends, bereit, einer Frau für das mächtigste Amt im Lande eine Chance zu geben.

Die besser Informierten dachten eher daran, dass in einem anderen Land ihres nach einer Frau benannten Kontinents schon einmal eine Frau das Ruder herumgerissen hatte. Plötzlich hatten sie dort auf ihrer kuriosen Insel besser dagestanden als das ehemals reiche Land in der Mitte des Kontinents.

Die noch besser Informierten fingen an, über Zusammenhänge nachzudenken und Brücken zu schlagen zwischen Politik und Wirtschaft. Hatten sie nicht von der Studie einer Forschungsgesellschaft aus dem fernen Amerika gelesen, die mehrere Hundert weltweit tätige Unternehmen aller Branchen untersucht hatte – mit einem Ergebnis, das zu denken geben musste? Unternehmen mit Frauen in Schlüsselpositionen – das hatte die Studie ergeben – seien wesentlich erfolgreicher als solche ohne Frauen in ihren Führungsteams. Und jetzt kam das Unerhörte: Die Rendite der Unternehmen mit Frauen-Power lag der Untersuchung zufolge im Schnitt 35 Prozent über der von Unternehmen mit reinen Männerwirtschaften im Management!

Nun ist die Politik kein Unternehmen, aber trotz der Tatsache, dass sich in den Parteivölkern und bei den niederen Chargen wesentlich mehr Frauen tummelten als in der Wirtschaft, waren die Spitzenpositionen der Macht doch in dem Land, von dem hier die Rede ist, fast ausschließlich mit Männern besetzt.

Eine Ministerin für Frauen? In Ordnung. Eine für Justiz? Zur Not auch. Auch über Wissenschaft und Entwicklungshilfe konnte man immer reden. Aber Wirtschaft? Arbeit? Finanzen? – Das waren stets Jobs für Männer gewesen. Da hatten sie noch nicht einmal dazugelernt, als einer, der angetreten war, als Minister für Wirtschaft, wenn nicht die Welt, so doch das Land zu verändern, ein Pinocchio mit französisch klingendem Namen, in dem Moment die Brocken hinwarf, als er die Chance zur Veränderung gehabt hätte. Kluge Leute hatten schon vor der Wahl dieses Menschen gebetet: Lass diesen Kelch vorübergehn, bewahre uns vor Charlantaine! Aber der liebe Gott hatte wohl zu dem Zeitpunkt den Eindruck, er habe mit der Wiedervereinigung schon genug für das kleine Land getan, und nun sollten sie mal selber weitermachen.

Eigentlich hatte das Land das Zeug dazu. Es hatte Dichter hervorgebracht, deren Werke in alle Sprachen der Welt übersetzt worden waren, und Komponisten, deren Werke selbst in fernen Kontinenten bewundert wurden. Das Auto war hier erfunden worden, der Computer und die Röntgenstrahlen.

Leider schnitten die Schüler des Landes in jüngerer Zeit in manchen Fächern schlechter ab als die Zwergschulbesucher in Ländern mit weniger stolzer Geistesgeschichte. Darum dauerte es eine Weile, bis die Menschen begriffen, dass es Männer waren, die ihnen nun schon wiederholt einen desolaten Zustand des Landes eingebrockt hatten: den totalen Bankrott nach dem grausamen Krieg und einen drohenden »nur« finanziellen nach der Wiedervereinigung.

Und sie erinnerten sich, wie ein Minister, der es besser hätte wissen können, versprochen hatte: »Die Rente ist sicher«, und wie ein Kanzler, der es besser hätte wissen können, gesagt hatte, wenn es ihm nicht gelinge, die Arbeitslosigkeit zu senken, verdiene er nicht, wiedergewählt zu werden, und wie derselbe Mann dann erneut antrat, obwohl die Arbeitslosigkeit dramatisch gestiegen war. Und dann sahen sie, wie ihr Finanzminister, einer, der als »Eiserner Hermann« zum Sparen angetreten war, nach und nach das gesamte Tafelsilber des Landes verkaufte, sodass nichts, aber auch gar nichts mehr übrig war, das man noch zu Geld hätte machen können.

Da fiel ihnen ein, dass es die Frauen waren, die nach dem schlimmen Krieg den Schutt weggeräumt hatten. Und sie fragten sich, ob es wohl wieder die Frauen sein müssten, die den Scherbenhaufen im Haushalt des Landes beseitigen würden. Denn vom Haushalt verstanden die Frauen des Landes von jeher mehr als die Männer.

Im Märchen geht es so weiter, dass die Frauen des Landes, geführt von einer der ihren, es ein zweites Mal schafften, das Gemeinwesen in Ordnung zu bringen. So sehr, dass die Kunde von der Großtat bis zu den Bewohnern der Insel im Westen des Kontinents vordrang und die eine neue Vokabel bekamen. Das »Fräuleinwunder« kannten sie schon; jetzt lernten sie das »Frauenwunder« kennen.

Und auch das Wort »Kraut«, mit dem sie die Bewohner des kleinen Landes in der Mitte des Kontinents gern bezeichneten, erfuhr eine Umdeutung. Stand es früher für das Sauerkraut, das diese armen Menschen vermeintlich alle aßen, bekam es nun die Bedeutung von einem Kraut oder Kräutlein, das bei allen möglichen Beschwerden hilft. So entstand die idiomatische Wendung »to grow a kraut against something«, und den wenigsten war bewusst, dass sie sich damit gedanklich mitten in die Hexenküchen des Mittelalters begaben. Die aufgeklärten Frauen aber lachten.

Und sie lachten besonders, als das Ex-»Mädchen«, das der Welt vorführte, wie man einen vermurksten Haushalt wieder auf Kurs bringt und wie man die Arbeitslosenzahlen tatsächlich senkt, auf einmal auch noch frech die Frau raushängen ließ – mit einem Super-Ausschnitt bei einem Opernbesuch in Skandinavien! Merke: Wer oben angekommen ist, darf sich als Frau bekennen.

Gleichgewicht

Oder: Die böse Quote

»Die niedrigste Arbeitslosenquote, die höchsten Löhne, die beste Gesundheitsvorsorge, die meisten Ausgaben für die Entwicklungshilfe, der transparenteste Staatsfonds« – welches Märchenland mag das wohl sein?

Die ›FAZ‹ vom 4. April 2008 hat es uns verraten: Norwegen. Der Anlass: Zu all den genannten Errungenschaften war noch eine weitere hinzugekommen: die höchste Quote von Frauen in Aufsichtsräten weltweit. Bei den zu diesem Zeitpunkt 462 Aktiengesellschaften des Landes, so die Neuigkeit, waren auf einmal 40 Prozent der Aufsichtsratsposten mit Frauen besetzt.

40 Prozent, während in Deutschland, einem anderen sonst nicht unbedingt als rückständig geltenden Land, der Anteil bei höchstens 11 Prozent liegt? Wie war das möglich? Die Antwort kann in einem Wort zusammengefasst werden: Quote. Aber der Reihe nach.

Noch 2002 sah die Situation auch in Norwegen in diesem Punkt nicht viel anders aus als in Deutschland. Während heute 900 Frauen in norwegischen Aufsichtsräten sitzen, waren es damals schätzungsweise 200. Die Idee, das per Gesetz zu ändern, kam interessanterweise von einem Mann: Ansgar Gabrielsen, Wirtschaftsminister und obendrein noch ein konservativer. Trotz heftiger Proteste, von den männlich dominierten Unternehmerverbänden sowieso, aber durchaus auch von Frauenorganisationen, fand die Idee Eingang in das »Gesetz zum Geschlechtergleichgewicht in Aufsichtsräten«, das Anfang

2006 in Kraft trat. Darin ist für jede Aufsichtsratsgröße einer »Allmennaksjeselskaper« (ASA) ganz genau festgelegt, wie viele Frauen darin vertreten sein müssen.

Ohne Sanktionen nützt natürlich das beste Gesetz nichts. In diesem Fall drohte den als ASA geführten Unternehmen nach einer Übergangsfrist im schlimmsten Fall die Auflösung, wenn sie der gesetzlichen Vorgabe nicht genügten.

Manche haben, wie man liest, herumgetrickst und die Unternehmensform geändert, um das Gesetz zu unterlaufen. Interessant ist auch der Fußballclub, von dem die ›FAZ‹ berichtet, er habe kurzerhand einen männlichen Aufsichtsrat vom Platz geschickt, um eine Frau ins Spiel zu holen. Wie man das im Fußball halt so macht.

Tatsache ist aber, dass die Quote etwas bewirkt hat, was ohne sie wahrscheinlich noch Generationen gedauert hätte: mehr weibliche Intuition, weibliche Sorgfalt und weiblichen Geschäftssinn in die obersten Gremien der Wirtschaft zu holen.

Die eigentlich interessante Frage wird man aber auch in Norwegen erst in einigen Jahren beantworten können: Geht es den so kontrollierten Unternehmen jetzt besser als früher – und besser als denen in anderen Ländern, die einer recht einseitig geprägten männlichen Kontrolle anvertraut sind? Ich glaube ja; denn Frauen sind dafür bekannt, umsichtiger zu wirtschaften und seltener in die Insolvenz zu geraten. Aber das wird sich zeigen.

Was lehrt uns diese wahre Geschichte, die zugegebenermaßen wie ein Märchen klingt? Zumindest, dass wir aufhören sollten, die Quote zu verteufeln. So nach dem Motto: Wir sind doch so gut; das haben wir Frauen doch gar nicht nötig.

Mal ehrlich: Welcher Mann würde eine Regelung, die zu seinem Vorteil ist, aus Ehrpuzzeligkeit ablehnen? So blöd können nur Frauen sein.

Ich war das übrigens früher auch. Als mir mal eine Professur angetragen wurde, weil das Kultusministerium die Stelle unbedingt wieder mit einer Frau besetzen wollte, und mir zu Ohren kam, dass dies einer der Gründe war, warum sie auf mich gekommen waren, da habe ich entrüstet abgelehnt.

Heute stelle ich fest, dass mir das als Agenturchefin ganz nützlich hätte sein können – allein schon durch die Möglichkeit, interessante Themen aus dem Agenturalltag als Semesterarbeiten oder Aufgaben an Diplomanden zu vergeben, vom Prestige des Titels ganz zu schweigen. Und dann sehe ich mit staunenden Augen, wie männliche Kollegen aus anderen Agenturen das ganz geschickt so machen.

Ich nehme an, die Frauenorganisationen in Norwegen, die gegen das Gesetz waren, haben aus dem gleichen Grunde protestiert: Das haben wir Frauen doch nicht nötig!

Aufwachen, bitte! Wir haben es nötig, immer noch! Die Quote ist keine fiese linke Erfindung für Underdogs, sondern ein Mittel, die Geschlechtergerechtigkeit so bald herbeizuführen, dass Sie, liebe Leserinnen, oder zumindest Ihre Töchter, noch etwas davon haben.

Schauen Sie sich doch einmal die Zahlenverhältnisse in den politischen Parteien an. Welche der deutschen Parteien steht beim Frauenanteil wohl am bescheidensten da? Na klar. Die, die von einer Quote nie etwas wissen wollte.

Wellness

Oder: Die seichte Republik

Es war einmal eine Frau von Anfang dreißig, die hatte ein Software-Unternehmen gegründet und war neben dem guten wirtschaftlichen Start der jungen Firma besonders stolz darauf, dass es ihr trotz geringer Mittel gelungen war, so etwas wie ein »Corporate Design« des Unternehmens zu kreieren. So nannte sie das; aber in Wahrheit hatte sie schlicht das Erscheinungsbild des Gebäudes (es war eines von den damals überall aus dem Boden schießenden »Innovations- und Gründerzentren«) auf die Einrichtung der Büroräume übertragen.

Weiß war das Gebäude, blau die Fensterrahmen, und weiß waren auch die Möbel der Firma, und sie hatten blaue Griffe. Überhaupt war bis auf den Fußboden alles weiß. Sogar die Übertöpfe der zu jener Zeit beliebten riesigen Ficus-Pflanzen waren weiß. Nur die Rechner waren trüb-beige, denn die gab es damals noch nicht anders.

Eines Tages bekam die junge Firmenchefin Besuch von einer früheren Freundin. Die wollte nach einigen Jahren des Hausfrauen-Daseins wieder in den Job, und sie kam mit dem Grund ihrer beruflichen Enthaltsamkeit: einem dreijährigen Knaben mit Namen Benjamin.

Zwar war das Kind nicht angekündigt; aber da es sich hier um eine Freundin handelte und Benjamin zudem ein ausgesprochen hübscher Junge war, mit blonden Seidenlöckchen und blauen Sternchen-Augen, kurz: einem wahren Engelsgesicht, beschloss die Gastgeberin, keinen Anstoß daran zu nehmen.

Das mit dem Engel täuschte jedoch gewaltig, denn kaum war das Gespräch im Gange, hatte Benjamin schon entdeckt, dass sich die weißen Oberflächen der Schreibtische ganz vortrefflich als Malgrund eigneten – worauf die Frauen durch ein kratzendes Geräusch aufmerksam wurden.

Die Freundin war weniger geschockt als die Hausherrin und sagte nur: »Benjamin, das muss doch nicht sein. Wir haben doch deine Autos mitgebracht.« Aber Benjamin wollte keine Autos, schrie kurz auf und stürzte sich als Nächstes auf den Riesen-Ficus. Der Übertopf stand auf Rollen, sodass selbst ein Benjamin den ganzen Apparat durch den Raum bewegen konnte, wenn er sich nur mit Anlauf dagegenwarf.

Die Mutter war immer noch nicht sonderlich beunruhigt; aber die Gastgeberin wurde nun ungehalten und schlug vor, das Gespräch doch zu einem späteren Zeitpunkt und ohne Kind fortzusetzen. Nun darf man Dreijährige nicht unterschätzen: Der Kleine hatte die Äußerung zu Recht als Kampfansage gedeutet und reagierte nun so, wie Männer, auch kleine, damals noch regelmäßig zu reagieren pflegten: Er griff sich eine Waffe.

Dabei kam ihm der Weiß-Tick der Mutter-Freundin auf wunderbare Weise zu Hilfe. Denn aus Sorge, der schöne Ficus könne an einem sonnenreichen Wochenende ohne Bürobetrieb austrocknen, hatte die Frau mit dem Corporate-Design-Anspruch die dunkle Blumenerde mit weißen Kieselsteinen abdecken lassen. Was für herrliche Wurfgeschosse!

Der erste Stein schlug auf dem Teppichboden auf. Was aber bei der Gesprächspartnerin aufschlug, war die Bemerkung der Mutter, die damals schon ahnen ließ, was der Republik bevorstand. »Benjamin«, sagte sie, »lass das sein! Du machst Mutti ganz traurig.«

Du machst Mutti ganz traurig. Das war »Wellness pur«, nur dass das damals noch nicht so hieß. Ja, die Wellness-Republik steckte noch in den Kinderschuhen. Bis zu Ayurveda und Feng Shui sollte alles noch viel schlimmer, viel seichter werden.

Dabei wollten die Mütter der vielen Benjamine doch nur gegen die autoritäre bürgerliche Erziehung aufbegehren mit ihrer Konsens-Diktion, einer Sprechhaltung, die jede formale Schärfe auch dort meidet, wo die Inhalte eigentlich Gift sind. An die Einsicht wollten sie appellieren, wenn sie nicht sagten: »Lass das!«, sondern: »Du machst Mutti ganz traurig«. Ja, so wie die FDP immer vom mündigen Bürger träumte, träumten die Benjamin-Mütter vom mündigen Kind.

Zum Wellness-Programm in der Erziehung gehörte es, den Sprösslingen die Technik der nahegelegten Schlussfolgerung zu vermitteln, die da heißt: Man hat gefälligst auch auf nicht ausgesprochene Verbote und Befehle im gewünschten Sinne zu reagieren.

Leider mussten die Mütter die Erfahrung machen, dass die Technik nur bei den Mädchen griff. Wenn die inzwischen in die Jahre gekommenen, zum Teil bereits verwitweten Benjamin-Mütter daher heute sagen: »Meine Nachbarin hatte schon wieder Besuch von ihren Kindern«, dann wissen die Töchter, dass sie neben ihrem Beruf bitte auch ihre alten Mütter nicht vergessen sollen, und sagen: »Mal sehen, Mutti, vielleicht schaffe ich es am Wochenende, mal wieder vorbeizukommen.« Die Söhne aber sagen glatt: »Ach ja? Wie schön für die Nachbarin!«

Medienmacht

Oder: Die Kommunikationszofen

Spieglein, Spieglein an der Wand, wer ist die Schönste im ganzen Land? Die Frage stammt zwar, wie jeder weiß, aus dem Märchen; dennoch interessiert sie auch heutige Frauen immer noch brennend. Allerdings ist inzwischen eine andere spannende Frage hinzugekommen: »Spiegel, Focus, Eff-A-Zett, wer ist die Mächtigste im Set?«

Das Gemeinsame an beiden Fragen ist, dass man sich weder früher noch heute zur Eitelkeit der Schönheit bekennen wollte oder will und dass man sich heute nicht zur Lust an der Macht bekennen mag. »Machtgeile Frauen« (der Ekel der Welt steckt in diesem Ausdruck) sind »herrische« Frauen – was so viel sagen will wie: Machtstreben, gar Machtbesessenheit, ist eine Eigenschaft, die nur Männern zusteht. Das verbale Pendant »weibisch«, bezogen auf Männer, zeichnet das Bild eines verweichlichten Typen, dem unter anderem die männliche Lust an Kampf und Sieg und Macht abgeht. Machtstreben gilt als unweiblich und macht eine Frau nicht sympathisch – in den Augen der Männer nicht, und in den Augen anderer Frauen schon gar nicht. Wenn sich eine tatsächlich für mächtig hält oder ausnahmsweise sogar in einem bestimmten Kontext mächtig ist, wird sie deshalb einen Teufel tun, das selbst zu sagen. Dann legt sie höchstens Wert auf die Feststellung, dass andere es von ihr sagen, so wie es bereits Sabine Christiansen, als sie noch Deutschlands bekannteste Talkmasterin war, auf ihrer Homepage tat, indem sie die Zeitschrift ›Gong‹ zitierte mit der Aussage »Die mächtigste Frau im deutschen Fernsehen«.

Aber ist das wirklich Macht? Nicht faktische Macht, aber doch immerhin die Macht, Meinung zu bilden? Auffällig ist, dass die angeblich so mächtigen Damen sich vorwiegend beim Fernsehen tummeln, während es bei den großen deutschen Zeitungen kaum Chefredakteurinnen gibt und die Hauptstadtbüros der bedeutenden Printmedien durchweg von Männern geleitet werden. Dort, wo weniger getalkt als vielmehr Tacheles geredet wird, wo statt Stimmung echte Meinung gemacht wird, und dort, wo es stark nach Macht riecht, sind Männer gefragt.

Keine Frage, dass das politische Leben in Deutschland, was das Medium Fernsehen angeht, inzwischen von Frauen »kommuniziert« wird. Kommunikation – das liegt den Frauen. Ihre Gehirne sind dazu bekanntermaßen besser ausgerüstet als die der Männer. Schon weibliche Kleinkinder lernen in der Regel eher sprechen als männliche, und auch im späteren Fremdsprachenunterricht haben stets die Mädchen die Nase vorn.

Das haben auch die Big Bosse der Wirtschaft erkannt: Die Zuständigkeit für die Unternehmenskommunikation reservieren sie sich zwar selbst; das überlassen sie klugerweise keinem Vorstandskollegen. Aber sie *lassen* sprechen – und gern von Frauen. Wie wenig mächtig die Sprecher selbst sind, verrät der unbestimmte Artikel in vielen Nachrichten: »wie *ein* Sprecher des Unternehmens sagte …«

Es ist bezeichnenderweise auch der Ausnahmefall, dass die Position des Kommunikationschefs in einem großen Unternehmen in der »Linie« verankert ist. So werden in typisch militärischer Tradition die Machtfunktionen genannt, die potenziell in die »oberste Heeresleitung« namens Vorstand führen. Wer nur spricht, gehört nicht in die Linie, sondern in den »Stab« mit seiner Phalanx von beratenden, das »operative Geschäft« flankierenden Funktionen. In dieser Sackgasse der Macht werden ambitionierte Frauen gern geparkt.

Nein, bei nüchterner Betrachtung kann keine Rede davon sein, dass die Frauen, wie man lesen konnte, die »Bewusstseinsindustrie« übernähmen. Was wir da erleben an den Fernsehmonitoren, ist eher zu vergleichen mit den Salondamen um 1900: Es sind intelligente Gastgeberinnen, Präsentatorinnen – böse gesagt: Serviererinnen. Insofern hatte das Wort von der »Kaltmamsell der Nation«, bezogen auf die einst führende deutsche Talk-Lady, seine Ursache nicht allein in der früheren Tätigkeit dieser Frau als Stewardess.

Macht haben die Damen nicht, denn zur Macht gehört das »operative Geschäft«; zur Macht gehören auch Sanktionen. Da müsste man im Mediengeschäft sein Augenmerk schon auf die Damen richten, die nicht auf allen Bildschirmen flimmern, aber darüber bestimmen, wie die Geschäftsführer bedeutender Medienkonzerne heißen. Aber das ist eine eigene Geschichte, voll von echten, modernen Märchen.

Die PR-Maus

Oder: Ladykiller

Public Relations, das Geschäft mit der Kommunikation in der Öffentlichkeit, gilt seit langem schon als Domäne der Frauen. In der Tat bevölkern ganze Kolonien kommunikativ begabter Damen die einschlägigen Agenturen und PR-Abteilungen der Unternehmen. Das ist seit Jahren so, und es wird auch in Zukunft kaum anders sein, da unter den Nachrückern in den PR-Berufen etwa acht von zehn Aspiranten Frauen sind.

Wundern wird das selbst in branchenfremden Kreisen niemanden. Jeder weiß ja aus eigener Erfahrung, wie selbst im privaten Umfeld die Aufgaben in der Regel verteilt sind: Auch im Haushalt sind fast immer die Frauen die Public-Relations-Managerinnen. Sie sind es, die die Kontakte zu den diversen, dem Unternehmen Haushalt verbundenen Kreisen pflegen und die sich bei Feiern, Empfängen und Essenseinladungen als »Event-Managerinnen« betätigen. Sie sind es auch, die »ewig das Telefon blockieren«, wo doch nach übereinstimmender Auffassung aller Männer »jeder gescheite Mensch« zur Abstimmung alles Notwendigen mit zwei Minuten auskäme. Wie immer vergessen die Herren dabei, dass es einen Unterschied gibt zwischen ergebnisorientierter und pflegeorientierter Kommunikation, zwischen einer Geschäftsverhandlung und Public Relations.

So hat sich in den Köpfen die Vorstellung festgesetzt, die Männer seien ganz generell, und auch in den großen Unternehmen der Wirtschaft, für Strategie und Ergebnisse zuständig und die Frauen »nur« für das nette Klima; denn private Paradigmen haben noch immer die beruflichen geprägt und nicht umgekehrt.

Vor diesem Hintergrund ist ein Forschungsbericht zu sehen, der zu Recht kräftig am Image der Public-Relations-Branche als Frauendomäne kratzt. Prof. Romy Fröhlich und zwei weitere Forscherinnen vom Institut für Kommunikationswissenschaft und Medienforschung (IfKW) der Ludwig-Maximilians-Universität München kommen in ihrer 2005 veröffentlichten Studie ›Public Relations‹ zu der Erkenntnis, dass Frauen zwar zahlenmäßig in der Branche immer mehr vordringen, dass aber gerade in diesem extrem feminin geprägten Berufsfeld Frauen gravierende Benachteiligungen beim Gehalt, beim Aufgabenspektrum und bei den Karrierechancen erfahren. So zum Beispiel verdienten PR-Frauen nach dieser Untersuchung im Schnitt 900 Euro im Monat weniger als PR-Männer. »Selbst auf gleicher Hierarchiestufe und bei gleicher Aufgabenstruktur«, so heißt es, »verdienen Frauen im Schnitt weniger als ihre männlichen PR-Kollegen.« Es gibt keine Hinweise darauf, dass das inzwischen prinzipiell anders geworden ist – was nur wieder zeigt, dass die ungleiche Bezahlung von Männern und Frauen auch vor solchen Berufen nicht haltmacht, in denen die Frauen ihren Kollegen geschlechtsspezifisch bedingt überlegen sind.

Im Gegenteil: Ausgerechnet die landläufige Vorstellung von Frauen als den »geborenen Kommunikatorinnen« erweist sich in der PR nach der Beobachtung der Wissenschaftlerinnen als »Ladykiller«: Die Frauen tappen in das, was die Studie die Freundlichkeitsfalle nennt. Die »PR-Maus« (ein beliebtes, von Männern erfundenes Etikett) hat auf den Führungsetagen nichts zu suchen. Sie kann zuarbeiten: Pressetexte verfassen, Pressekonferenzen organisieren, den Internetauftritt pflegen und dergleichen.

Die PR-*Strategie* ist dagegen eine Managementaufgabe und insofern etwas für echte Kerle. So starten denn ganz viele tüchtige und gut ausgebildete Frauen in den Agenturen und PR-Abteilungen, gehen aber auf dem Weg nach oben auf wundersame Art und Weise verloren. Dort, wo die Luft dünn ist, in der Geschäftsführung der großen Agenturen und an der Kommunikationsspitze der Konzerne, sind sie rar und werden, wenn vorhanden, schlechter honoriert – eine Beobachtung übrigens, die man nicht ganz so ausgeprägt, aber mit der gleichen Tendenz, auch bei den großen Unternehmensberatungen machen kann. Dort gehen ebenfalls viele gute Frauen mit exzellenter Ausbildung an den Start; aber bis zur Partnerin schafft es kaum eine.

Talent als Karrierekiller? Wie kann das sein? Die Münchner Forscherinnen erklären sich das so: Beim Einstieg in den Beruf und auf den unteren Karrierestufen wirken die als weiblich angesehenen Fähigkeiten noch als Vorteil. Die Studie nennt hier insbesondere »Emotionalität, Konsensorientierung, natürliche Intuition, besonderes ethisches Verantwortungsgefühl, Kreativität und ausgeprägte Teamfähigkeit«. Auf dem Weg in die Führungsetagen jedoch werden dieselben Eigenschaften auf einmal als »mangelnde Durchsetzungsfähigkeit, schwach ausgebildete Führungskompetenz und konfliktscheues Teamverhalten« angesehen.

Ja, und nun, liebe PR-Mäuse? – Es gibt da wohl nur zwei Möglichkeiten: entweder die Freundlichkeit abschaffen und auf das Kompliment, man sei ja wohl eine »begnadete Kommunikatorin«, mit der pampigen Antwort reagieren: »Blödsinn, alles nur Strategie«, oder zusammen mit all den anderen PR-Mäusen daran arbeiten, dass die Kerls erkennen, wie wenig sie mit ihrer großen Strategie ausrichten, wenn das Klima nicht stimmt.

Medienmacht 2

Oder: Das Verlegerinnenwunder

Wer noch nie auf Föhr Urlaub gemacht hat, wird die Dimension eines der größten modernen deutschen Märchen nie ermessen können. Manche kennen die nordfriesische Insel, weil sie als Kinder in eines der Schullandheime zur Erholung geschickt wurden; andere, vor allem die Liebhaber des nebenan gelegenen Sylt, halten die Föhrer eher für Landeier.

Einer der abgelegensten Orte von Föhr ist Süderende, ein Dorf in der Mitte der rundlichen Insel, in der die Straßen keine Namen haben, weil man auch so die Übersicht behält: über die alten Häuser wie den »Früddenhof« oder die neuen wie Nr. 46. Das Dorf ist so ruhig, dass es sich bestens für das Schreiben von Büchern eignet. Viel mehr kann man dort nicht machen.

Ein Geschäft gibt es nicht in Süderende, nur eine Bankfiliale, die eine Bäuerin, wenn sie nicht gerade zum Melken ist, neben ihrer Küche betreibt. Wenn die Kartoffeln und das Gemüse vom Hofladen der Bürgermeistersfrau nicht reichen, weil man unbedingt Nudeln kochen will, muss man ins benachbarte Dorf, nach Oldsum. Dort gibt es einen Spar-Markt, betrieben von einer Familie, die so heißt wie jeder Zweite oder Dritte in diesem Teil der Insel: Rickmers. An der Fleischtheke und an der Kasse reden sie dort Feringsch, die Sprache der Föhrer Friesen.

Die Attraktion von Süderende sind die »sprechenden« Grabsteine der St. Laurentii-Kirche. Unter Darstellungen stolzer Segelschiffe erzählen nicht wenige die Lebensgeschichten von Männern, die ihr Leben als Kapitäne zur See beim Walfang riskierten: wann geboren, wann gestorben und woran, mit wie vielen Kindern und in der wievielten Ehe.

Aber das war's auch schon – bis auf die Inselgärtnerei. Einige Gäste der Ferienhäuser von Süderende haben jahrelang bei Riewerts Blumen gekauft, ohne zu wissen, dass es sich um die Verwandten einer der mächtigsten deutschen Frauen handelte, wenn sie nicht zufällig im sehr übersichtlichen Telefonverzeichnis des Ortes auf den vermutlich nicht ganz so häufigen Namen »Friede Springer« stießen und ihre Neugier geweckt war. In solchen Fällen, oder beim Auftauchen des Namens in der Spendenliste der Freiwilligen Feuerwehr, bestätigen die Süderender Nachbarn dann auf Anfrage: Ja, das sei die Verlegerin, und natürlich komme sie ab und an, um ihre Mutter zu besuchen. Von selbst würde das niemand erzählen, denn geschwätzig sind sie nicht, die Nordfriesen, und in Süderende schon gar nicht.

Inzwischen brauchen sie auch nichts mehr zu erzählen, denn es gibt ein wunderbares Buch von Inge Kloepfer, in dem man alles nachlesen kann: den märchenhaften Aufstieg der Gärtnerstochter von der Insel Föhr, aus dem Flecken Süderende, vom Kindermädchen des Verlegers zur Mehrheitsgesellschafterin des Axel-Springer-Verlages.

Ich will die Geschichte hier nicht nacherzählen. Lesen Sie sie lieber selber; es lohnt sich auch für alle, die nicht wie Föhr-Urlauber den Spaß teilen, die Orte wiederzuerkennen, wenn es zum Beispiel heißt, der erste Treffpunkt der jungen Friede mit dem bereits hoffnungslos verliebten Pressezaren auf ihrer heimatlichen Insel sei der Feuerwehrturm in Wyk gewesen. In der Tat: Großstädtischer als auf der »Großen Straße« der Inselhauptstadt geht es auf der Insel nicht – in der »Fußgängerzone«!

Die Lektüre lohnt sich vor allem deshalb, weil das Buch mehr ist als eine Biografie; es ist ein spannendes Stück deutscher Geschichte und speziell Mediengeschichte und ganz nebenbei ein Paradigma für das, was ich das Verlegerinnenwunder nennen möchte. Denn Friede Springer ist kein Einzelfall.

Es gibt allein in Deutschland mindestens drei Frauen, die ohne einschlägige Geburt, einschlägige Ausbildung und einschlägigen Werdegang an die Spitze führender Medienunternehmen gefunden haben. Neben Friede Springer sind das Liz Mohn, Herrscherin im Hause Bertelsmann, die dort als Telefonistin begonnen hatte, um nach der Geburt gemeinsamer Kinder den Patriarchen zu ehelichen, und Anneliese Brost, die den Gründer der Westdeutschen Allgemeinen, Erich Brost, als dessen Sekretärin kennenlernte, später heiratete und nach dessen Tode einflussreiche Gesellschafterin des großen WAZ-Konzerns ist.

Dass Liz Mohn die nötige Härte hätte, einen Konzern von der Dimension Bertelsmann zu befehligen, wurde schon vor Jahren denen klar, die sie in einem Hotel auf der Insel Mauritius erlebten, bei einem »Cyclone«, einem Wirbelsturm. Der war von einer so bedrohlichen Art, dass der Hoteldirektor es für geraten hielt, sich mit der Bemerkung, sie machten jetzt noch einmal einen Servicerundgang, der Rest sei in Gottes Hand, von seinen Gästen zu verabschieden.

Die Kokosnüsse und alles, was sich in Geschosse verwandeln konnte, hatten sie bereits von den Bäumen abgeschlagen; der Konzertflügel, der sonst frei unter einem Palmdach stand, war mit Seilen fest vertäut. Erst fiel der Fernseher aus, dann auch das Radio. Gehört hätte man sowieso nichts: Der Sturm machte einen ohrenbetäubenden Lärm. Während die einen noch reichlich vom guten südafrikanischen Chardonnay vom gegen die Böen in die Eingangstür gestemmten Servicewagen nahmen, um die Angst mit Alkohol zu betäuben, erklärten die anderen, sie würden wohl besser ihr Testament ändern.

Am Morgen war der Spuk vorbei: Es war wieder ruhig. Doch als die Hotelgäste die Beine aus dem Bett steckten, war alles nass. Naturgewalten kennen eben keine Zimmerkategorien: So ein Sturm – das konnte man in jener Nacht lernen – drückt das Wasser durch jede Ritze, auch durch die Fensterrahmen von »Leading Hotels of the World«.

Draußen sah es aus wie nach einem Großangriff feindlicher Mächte: Bäume entwurzelt, tote Vögel am Strand. Alles, was am Tag zuvor noch bunt und duftend erschien, war Tristesse gewichen. Keine Hibiskusblüte mehr, der die Sari-Gärtnerinnen sich hätten widmen können. Es war, als hätte plötzlich jemand die Filme vertauscht: statt Farbe Schwarzweiß.

Es ist nicht bekannt, was für einen Film Liz Mohn in ihrer Kamera hatte, als sie im Angesicht der Tristesse eiligen Schrittes auf Fotopirsch ging, um das Elend einzufangen, denn Digitalkameras waren damals noch nicht verbreitet. Aber eines war unverkennbar: dass diese Frau eine Medienfrau ist und dass sie ohne Zweifel die nötige Härte für das Geschäft besitzt. Das war lange, bevor sie die Manager im Bertelsmann-Konzern das Fürchten lehrte.

Anneliese Brost ist eine völlig andere Frau. Ihre Kennzeichen sind Bescheidenheit und äußerste Disziplin. Mit weit über 80 Jahren fährt sie noch regelmäßig in dasselbe Büro, in dem sie schon als Sekretärin ihres verstorbenen Mannes gesessen hat: ein kleines, schmales Vorzimmer. Sozialdemokratisch aus tiefster Überzeugung und stets dem Erbe ihres Mannes verpflichtet, ist sie in der Lage, erstaunlichen Entscheidungen zuzustimmen, wenn sie das Gefühl hat, es sei gut für das Haus und die Menschen. Sie ist eine Verlegerin, die vor allem durch ihre Präsenz dem Team Kontinuität vermittelt. Firmennamen wie WAZ, die aus Abkürzungen bestehen, laden ja nicht so sehr dazu ein; aber ein wenig erinnert das Ganze an Zeiten, in denen Menschen sich als »Henkelaner« fühlten, weil sie Konrad Henkel im Hause wussten, und voller Stolz »beim Daimler« arbeiteten, weil es noch welche gab, für die Gottfried Daimler mehr war als eine Legende.

Man muss den Eindruck gewinnen, dass es beim Verlegerinnen-Wunder neben der Gemeinsamkeit des unkonventionellen Aufstiegs noch eine weitere gibt: die nie verlorene Bodenhaftung. Eine solche Haltung – daran kann kein Zweifel bestehen – ist gut fürs Geschäft.

Was Friede Springer, das gelernte Kindermädchen von der Insel Föhr, angeht, mit der diese Geschichte begonnen hat, darf man staunend feststellen, dass sie es nach dem Tode des Verlegers geschafft hat, sich die Mehrheit am Verlag zu sichern und durch eine geschickte Personalpolitik das Unternehmen zurück in die Gewinnzone zu führen. Aber vielleicht hat die unbeirrte Zielstrebigkeit dieser Frau auch etwas mit ihrer Föhrer Herkunft zu tun: Die Frauen auf der Insel waren schon immer sehr geschäftstüchtig und mussten es auch sein, da doch die Männer über weite Teile des Jahres zum Walfang unterwegs waren.

Frau Springer muss wohl selbst wissen, was sie geleistet hat; sonst hätte sie die erwähnte Biografie, die nicht den geringsten Hehl aus ihrer Herkunft macht, nicht autorisiert. So viel Selbstbewusstsein würde man sich auch von anderen wünschen: dem Politiker, der als Taxifahrer begonnen hat, oder der Journalistin, die mal Stewardess war, weil sie wahrscheinlich im Englischunterricht ›When I became an air hostess‹ gelesen hat und von dem Beruf damals genauso fasziniert war wie alle Mädchen dieser Zeit.

Wahrscheinlich sind solche Berufsstarts sogar die beste denkbare Investition in den späteren Erfolg: Wer lernt schon mehr über die Menschen und den Umgang mit ihnen als Taxifahrer und Stewardessen? Stromlinien-Karrieren produzieren nicht unbedingt spannendere Menschen. Stolz kann man auf solche Aufstiege auch aus einem anderen Grunde sein: Sie klingen wie im Märchen und sind trotzdem wahr.

Jobsharing

Oder: Eine schöne Illusion?

Es war einmal eine Managerin, die hatte viel Sympathie für Frauen, welche nach einer zugunsten von Kindern genommenen Auszeit wieder arbeiten wollten, denn sie war selber Mutter. Außerdem hatte sie die Erfahrung gemacht, dass Mütter ausgesprochen seriöse, verlässliche Mitarbeiterinnen waren, und dass sie selbst dann, wenn ihre verfügbare Zeit keinen sogenannten »Vollzeit-Job« erlaubte, doch in ihren vier, fünf oder sechs Stunden meist relativ mehr erledigten als die Mitarbeiter, die den ganzen Arbeitstag zur Verfügung hatten.

Die Managerin beobachtete auch, wie vor allem gut ausgebildete Frauen darunter litten, dass die meisten der ihnen angebotenen Teilzeit-Jobs ihrer Qualifikation nicht gerecht wurden, weil die Firmen sich nicht trauten, verantwortungsvolle Tätigkeiten an oft abwesende Personen zu vergeben. Deshalb war sie sehr angetan von der Vorstellung, das Problem mit dem zu lösen, was unnötigerweise auf Englisch bezeichnet wird: Jobsharing, zu Deutsch: Arbeitsteilung.

Ja, das klang gut: Vormittags war Frau Meier für die Kunden ansprechbar und nachmittags Frau Müller – oder umgekehrt. Vielleicht auch montags bis mittwochs Frau Müller und donnerstags und freitags Frau Meier – oder umgekehrt. Oder vielleicht auch wochenweise täglich wechselnd: Hauptsache, die Damen fänden Gelegenheit, sich bei der Übergabe über den aktuellen Stand der Aufgaben zu informieren.

Sie sollten auch durchaus gut bezahlt werden; unsere Managerin wollte die Erkenntnis der erhöhten Leistungsfähigkeit von Teilzeitfrauen gern bei der Gehaltsfindung berücksichtigen, denn in ihrer Branche gab es keine Tarifverträge.

So motiviert, annoncierte sie unter dem Stichwort »Jobsharing« ihr Vorhaben – mit der leisen Hoffnung, es würden sich vielleicht sogar Damen-Paare für die Arbeitsteilung melden; das würde die Sache erleichtern.

In der Tat gab es eine Menge Bewerbungen, wenn auch keine einzige Paar-Bewerbung. Bei vielen reichte die Qualität der schriftlichen Unterlagen nicht für ein Vorstellungsgespräch; aber immerhin siebzehn Bewerbungsmappen machten einen so guten Eindruck, dass sie den Verfasserinnen eine Einladung zu einer persönlichen Vorstellung eintrugen.

Die Managerin war angenehm berührt: so viel Kompetenz, fachlich wie persönlich, so viel Einsatzbereitschaft und Lust, wieder in das Berufsleben einzusteigen! Erst am Ende der Gespräche, wenn es um Konkretes ging, tauchte mit schöner Regelmäßigkeit ein Problem auf. Es lag nicht an der Art der Arbeit, nicht an der Bezahlung, nicht an der Ausstattung des Arbeitsplatzes und nicht an der Dauer der Arbeit. Es lag schlicht an der Uhrzeit. Alle wollten sie vormittags arbeiten; keine war bereit, am Nachmittag zur Verfügung zu stehen, in keinem denkbaren Modell: von montags bis freitags genauso wenig wie nur an zwei oder drei Tagen pro Woche.

Selbst die Idee, dann doch wochen- oder monatsweise mit einer Kollegin den Vormittags- gegen den Nachmittagsdienst zu wechseln oder – auch so weit war unsere Managerin bereit zu gehen – sich gar nicht festzulegen, sondern mit der Kollegin von Fall zu Fall auszuhandeln, wer wann präsent wäre – in allen diesen Fragen zeigten sich die Damen trotz der in ihren Bewerbungen regelmäßig behaupteten »Flexibilität« absolut unbeweglich: Sie wollten alle vormittags arbeiten.

Bei denen mit Kindergarten- oder schulpflichtigen Kindern konnte die wohlmeinende Arbeitgeberin das nachvollziehen; doch musste sie feststellen, dass selbst Frauen ganz ohne Kinder – und auch solche hatten sich beworben – nicht an die Nachmittagsarbeit heranwollten. Je mehr sie nach den Gründen forschte, desto größer wurde ihr Abstand von der ursprünglich so freudig begrüßten Idee des Jobsharing und den Frauen, die sich davon offensichtlich angesprochen fühlten. Es schien nämlich so, dass der Grund für die Ablehnung der Nachmittagsarbeit weniger mit äußeren Zwängen als mit Psychologie zu tun hatte: Die Damen wollten nach dem Prinzip »Erst die Arbeit, dann das Spiel« den weniger geliebten Part vormittags hinter sich bringen, um den restlichen Tag angenehmeren Tätigkeiten widmen zu können. Dabei hatten sie alle bekundet, der Job würde ihnen »Spaß machen«. Die Managerin, die es so gut gemeint hatte mit den Frauen, war für dieses Mal enttäuscht. Ob sie es wieder versuchen würde?

Der Versprecher

Oder: Frauen am Rednerpult

Manche Sendungen im Fernsehen müssten Frauen im Management per Rezept verordnet werden, und damit meine ich keine Gesundheitsratgeber. Ich meine Direktübertragungen aus dem Deutschen Bundestag, wie sie bei allen bedeutenderen Anlässen der Sender Phoenix bietet. Noch bedeutendere übertragen auch ARD und ZDF live, so wie am 1. Juli 2005 die sogenannte »Vertrauensfrage« des damaligen deutschen Kanzlers Gerhard Schröder, die eine Bitte um Misstrauen war.

Die zwei Stunden, die man da investierte, um den Reden und der darauf folgenden, sogenannten »Abstimmung« der Abgeordneten beizuwohnen, hätte man bei jedem Coach teuer bezahlen müssen: Sie waren neben aller Erkenntnis über den Zustand einer skrupellosen Republik mit ihrem schamlosen Sprachgebrauch ganz nebenbei auch ein Seminar über das Verhalten und die Akzeptanz von Männern und Frauen am Rednerpult.

Voller Spannung war die Rede des Kanzlers erwartet worden: Wie würde er seinen Schachzug begründen, mit Hilfe einer gescheiterten Vertrauensfrage den Bundespräsidenten zur Auflösung des Parlamentes und damit zu vorgezogenen Neuwahlen zu bewegen? Die Spannung war berechtigt. Schließlich ging es dem Kanzler abstruserweise – und sprachlich eigentlich unmöglich – darum, das Misstrauen der Parlamentarier, und da vor allem seiner eigenen Fraktion, zu »erringen«. Nicht das wirkliche Misstrauen allerdings (das hatte der Kanzler längst; sonst wäre das ganze Theater nicht nötig gewesen), sondern das zu Protokoll gegebene, möglicherweise aber gelogene Misstrauen.

Die Akrobatik bestand also darin, die eigene Mannschaft vorzugsweise zu einer Enthaltung, aber keinesfalls zu einem »Ja, ich vertraue dir, Kanzler« zu bewegen, um anschließend mit demselben Verein, der ja sein mangelndes Vertrauen erklären musste, damit die Inszenierung funktionierte, bei den angestrebten Neuwahlen erneut als Spitzenkandidat in den Wahlkampf gehen zu können. Wie gesagt: eine völlig absurde Taktik – auch wenn sich natürlich Juristen fanden, die das durchaus im Einklang mit Artikel 68 des Grundgesetzes sahen. Da heißt es schließlich lapidar: »Findet ein Antrag des Bundeskanzlers, ihm das Vertrauen auszusprechen, nicht die Zustimmung der Mehrheit der Mitglieder des Bundestages, so kann der Präsident auf Vorschlag des Bundeskanzlers binnen einundzwanzig Tagen den Bundestag auflösen.«

Dieser Antrag aber zielte darauf, nicht das Vertrauen, sondern das Misstrauen ausgesprochen zu bekommen. Entsprechend schwierig gestaltete sich die Aufgabe der Vermittlung an eine von nicht wenigen Gewissensbissen heimgesuchte SPD-Fraktion und an einen grünen Koalitionspartner, der das Experiment Rot-Grün von sich aus nicht vorzeitig hätte beenden wollen.

Doch Gerhard Schröder, ganz Staatsmann, ganz sonore Stimme, in seiner Darbietung korrekt vom Anzug bis in die Fingerspitzen, meisterte die Aufgabe bei aller Fragwürdigkeit des Ansatzes formal bravourös. Geschickt hatte er aus seiner Argumentation bis zur letzten Minute ein Geheimnis gemacht und nutzte nun das gebannte Zuhören von Abgeordneten und Gästen, um seine Aussagen zu zelebrieren. Wie er erklärte, er sei dieses Vorgehen auch »der Würde des Hohen Hauses« schuldig, und dabei seine wohlgeordneten Manuskriptblätter mit langen, schmalen Händen zum wiederholten Male wie ein ehrlicher Buchhalter gerade ausrichtete, da musste man aufpassen, ihm nicht auf dem Leim zu gehen.

Ja, Schröder agierte äußerst geschickt. Sogar Ausfälle der Gegner plante er systematisch ein, um mitleidvoll das Ende abzuwarten und sie dann mit der Attitüde des erfahrenen Lehrmeisters zu warnen: »Ich wäre vorsichtig; es schauen sehr viele Menschen zu.«

Die Rede war nicht dazu gedacht, die Abgeordneten der eigenen Fraktion vor Begeisterung von den Stühlen zu reißen; das hätte ja für den Bundespräsidenten wie echtes Vertrauen aussehen können. Nein, sie sollten dem Kanzler nur Respekt zollen, um anschließend mit einem etwas besseren Gewissen zu lügen, wenn sie nicht zufällig zu jener Hälfte der Fraktion gehörten, bei denen das bekundete Misstrauen dem tatsächlichen entsprach.

Das taten sie auch: Als eine Frau aus der SPD-Fraktion sich beim Applaudieren erhob, folgten die anderen nach. Der Kanzler hatte gezeigt, wie man mit einer gekonnt inszenierten Rede in den eigenen Reihen Eindruck macht und beim Gegner zumindest Anerkennung findet.

Angela Merkel muss gemerkt haben, wie schwer ihr Stand nach dieser Eröffnung sein würde. Und es war nicht ihr bester Tag: Sie hatte erkennbar eine kleine Sommergrippe und wirkte fahrig und nervös. Dabei war dieser Auftritt vor voll besetztem Hause und noch dazu vor so vielen Fernsehzuschauern – und das war ihr wohl bewusst – eine der ganz großen Chancen, sich als Kanzlerkandidatin für eine neue Regierung zu profilieren. Auch sie hatte an diesem Tag eine Art Vertrauensfrage zu stellen; nur lautete die anders: Traut ihr mir zu, dass ich mit einer von mir geführten Regierung alles besser mache als diese, die erkennbar abgewirtschaftet hat?

Einmal abgesehen von ihrer Indisposition hatte sie das Problem, eine Frau zu sein und als solche zu schnell und zu schrill zu sprechen. Es ist traurig, aber leider wahr: Männer treten mit dem Bonus einer tieferen, vermeintlich kompetenteren und oft auch angenehmeren Stimme an ein Rednerpult; Frauen dagegen müssen sich oft erst in einem längeren gelungenen Anlauf von einem Stimm-Malus freikämpfen.

Frau Merkel muss bewusst geworden sein, wie anstrengend das ist. Die Frau, die sich anschickte, Souveränin zu werden, wirkte äußerst angespannt und ganz und gar nicht souverän. Mal warf sie der Regierung »Handlungsfähigkeit« vor und vergaß dabei das »un«, dann wollte sie – ein Wort, das einen bei einer glaubwürdigeren Verkörperung einer harten Hand bis auf die Knochen hatte frieren lassen – »durchregieren«, und wiederholt reklamierte sie, eine »Politik aus einem Guss« machen zu wollen, ohne zu sagen, was das ist.

Natürlich hatte sie das Problem, dass das Parteiprogramm noch nicht stand und sie deshalb wenig konkret werden konnte. Aber statt zu sagen: »Sie werden ja wohl kaum erwarten, dass ich heute schon mit einem Programm aufwarte, nachdem Rot-Grün gerade erst die Brocken hingeschmissen hat; aber seien Sie heute schon einmal gespannt auf den Soundsovielten, wenn wir konkret werden«, kam sie immer wieder mit ihrer »Politik aus einem Guss« und ließ die Zuhörer nur wissen, dass sie dazu »Schmierstoff« brauche. Ausgerechnet!

Der Redenschreiber (oder stammte der Schmierstoff etwa von einer Frau oder von der Rednerin selbst?), der Frau Merkel das nur für Leute mit großem technischen Sachverstand nicht widerwärtige Zeug in das Manuskript fabriziert hatte, verdiente es, einen Kopf kürzer gemacht zu werden, denn natürlich fingen gleich, nachdem der Begriff gefallen war, Abgeordnete aus der Koalition mit Blick auf die damals hohe Wellen schlagende Schmiergeld-Affäre an zu feixen.

Doch hier konterte die Rednerin geschickt, indem sie sinngemäß feststellte, jeder habe ja wohl die Assoziationen, die zu ihm passten. Insgesamt gelang es Frau Merkel, durch eine unmissverständliche Darstellung der Versäumnisse der Regierung von ihrer Nervosität abzulenken, Boden gutzumachen und trotz der ihr bereits unterlaufenen kleinen Patzer den Respekt der Zuhörer zu gewinnen.

Sie hatte gerade den Punkt erreicht, an dem man sagen würde: Es ist zwar nicht perfekt, aber es reicht für das angestrebte Amt, als ihr ein Fehler unterlief, der das soeben errungene Standing zumindest für diesen wichtigen Tag zunichtemachen sollte.

Sie wollte sagen, »CDU/CSU und FDP« könnten es besser, versprach sich aber und sagte »CDU/CSU und SPD«. Das Gejohle im Saal war groß, die Erheiterung enorm. Dabei war es wirklich nur ein Versprecher; aber er passierte auch noch dummerweise im Endspurt ihrer Rede und führte dazu, dass die Zeit nicht mehr ausreichte, die Scharte auszuwetzen.

Keine Frage: Am Ende wurde auch Frau Merkel die

Auszeichnung zuteil, dass die Abgeordneten ihrer eigenen Fraktion ihr Beifall im Stehen zollten; aber man konnte voraussagen, dass keine einzige Nachrichtensendung des Tages sich den sinnentstellenden Versprecher und das folgende Gelächter in ihren Ausschnitten versagen würde. Ja, sogar eine Freud'sche Fehlleistung wurde von diversen Beobachtern in die Unachtsamkeit hineininterpretiert. Da konnte man durchaus der Meinung sein, dass ein reiner Versprecher ja wohl nicht der Rede wert ist im Vergleich zu der riesigen, frechen Lüge, die hier öffentlich zelebriert wurde; es half nichts: Eine Republik, die ihre Vokabeln nicht mehr kennt, kann auch nicht mehr zwischen wichtig und unwichtig unterscheiden.

Frau Merkel hatte Glück, dass direkt nach ihr Franz Müntefering an der Reihe war; der hielt ihr zwar erwartungsgemäß ihren Versprecher vor; aber seine spezielle Mischung von alter Dame, Apparatschik und Sauerländer Hahn auf dem Mist war weniger denn je geeignet, die Herzen der Zuhörer zu gewinnen.

Es hätte allerdings einer klügeren Republik mit aufgeweckteren Abgeordneten bedurft, um Münteferings Versprecher, demzufolge man getrost in einen neuen Wahlkampf ziehen könne, weil der liebe Gerhard ja das Vertrauen der SPD-Fraktion besitze, in ein ähnliches Hohngelächter münden zu lassen wie Merkels kleinen, rein phonetischen Ausrutscher. Bei Merkels Schmierstoff-Bild hatten sie gelacht; dass dies hier echtes Schmierentheater war, hörten dieselben Leute nicht heraus. Männerbonus am Rednerpult?

Jedenfalls folgten drei Redner, die jeder auf seine Art zeigten, welchen Vorteil Männer an Rednerpulten haben, wenn sie, anders als es den meisten Frauen gegeben ist, mit ihren Gesten und ihrer Stimme von einem Raum Besitz ergreifen. Guido Westerwelle, zumindest äußerlich in jeder Hinsicht ein Vorzeige-Liberaler, inszenierte seinen Auftritt smart, frech und aalglatt durchdringend mit einer schlanken, eleganten Rede, die zum Typ passte und so Glaubwürdigkeit ausstrahlte. Nur Joschka Fischer schien mehr das Schlanke denn das Elegante wahrgenommen zu haben, denn er sollte Westerwelle in seinem nachfolgenden Auftritt einen »Schmalspur-Politiker« nennen. Das konnte der Mann, dem sein Leben lang der Junge Liberale unter den Schuhsohlen kleben wird, aber zu dem Zeitpunkt nicht wissen. Und so nahm er ganz cool am Ende seiner Rede den Glückwunsch seines Fraktionsvorsitzenden entgegen.

Als Nächster also Joschka Fischer, der Oberstaatsschauspieler. Man wusste: Er konnte, ganz wie es ihm grad passte, den bauchigen Außenminister mit den Sorgenfalten und den Genscher'schen Leerformeln geben und in der Zuspitzung Tränensäcke mit saurem Regen; er konnte aber auch den Revoluzzer und Kämpfer herausholen. Unterhaltungswert hatten seine Auftritte immer.

Ein guter Schauspieler spürt, was er seinem Publikum schuldig ist, und so optierte er an diesem »historischen« Tage für Joschka, den Heißsporn: Mit großen, lebhaften Gesten vergaß er alle mitgebrachten Manuskripte und ließ den rotzfrechen Alt-Achtundsechziger raushängen, indem er Angela Merkel als Soufflé im Ofen bezeichnete, von dem man nach der Wahl erst noch einmal sehen wolle, was davon übrig bliebe.

Das Bild war genial gewählt: Die Grünen, wie keine andere Fraktion aus Damen bestehend, wussten noch besser als alle anderen, was ein Soufflé ist und dass die Umfragewerte für Merkel nach einem Zwischenhoch, das sie bereits vor dem Kanzler sah, ziemlich zusammengefallen waren.

Das Soufflé und andere Ausfälle, die das grün-bunte Abgeordnetenvolk zu Begeisterungsstürmen hinrissen, nutzte geschickt der letzte Redner auf der offiziellen Liste, Michael Glos von der CSU. Der Mann mit der tiefen Stimme, ganz bayerisches Gemüt mit Hintersinn, erinnerte mit der Kraft seiner Erfahrung ausstrahlenden Persönlichkeit an den Ernst der historischen Stunde und nutzte die dadurch schlagartig wieder erzeugte Ruhe für einen Wechsel zur Attacke: die Auflistung besonders peinlicher Regierungsversäumnisse, darunter solche, die bisher noch nicht zur Sprache gekommen waren, wie die hochnotpeinliche Visa-Affäre des soeben noch von seinen Anhängern heftig gefeierten grünen Außenministers.

Wie die Abstimmung im Bundestag ausgegangen ist, haben politisch Interessierte noch nicht vergessen: Gerhard Schröder bekam ausgesprochen, was er wollte: das Misstrauen. Oder korrekter: Er bekam die Vertrauensfrage im beabsichtigten Sinne beantwortet. Was aber ebenfalls erinnerungswürdig ist, und vor allem für Frauen, ist dieses Fazit der Veranstaltung: dass Männer am Rednerpult im Vorteil sind und dass sogar noch die Schwächeren unter ihnen dort ein leichteres Spiel haben als Frauen. Es lohnt sich, solche Debatten einmal nicht nur wegen der Aussagen, sondern auch mit Blick auf das Verhalten von Männern und Frauen zu verfolgen. Man kann sehr viel für den eigenen Auftritt daraus lernen.

Kinder kriegen

Oder: Ein Volksmärchen

In einem Land namens Germanien hatte es einen großen Krieg gegeben, den das Land selbst herbeigeführt und verloren hatte. Als alles zerstört war und die meisten Männer entweder tot waren oder in Gefangenschaft, fingen die Frauen an, die Trümmer aufzuräumen und das Land wiederaufzubauen.

Als dann die überlebenden Männer wiederkamen, sollten die Frauen zurück an den Kochtopf. Das taten die meisten auch, denn sie waren froh, dass ihre Männer wieder da waren. Außerdem wollten sie gern Kinder, aber es sollten keine »Schlüsselkinder« sein. Deshalb waren sie, wie sie meinten, ohnehin an den Herd gefesselt. Im Übrigen waren durch den Kahlschlag, den der Krieg in bestimmten Jahrgängen angerichtet hatte, Männer begehrte Mangelware, und nichts motiviert Frauen stärker als die Konkurrenz um die Gunst der Männer. Eine Frau bringt es bekanntlich fertig, einen Mann zu heiraten, nur weil sie ihn einer anderen nicht gönnt. Für diejenigen, die in diesem Markt keine Chance hatten, blieb nur der Weg in den Beruf, getreu einem in den Jahren des »Wirtschaftswunders« verbreiteten Lästerspruch: »Wer mit 30 noch keinen Doktor hat, muss ihn selber machen.«

Die Strategie der meisten germanischen Frauen aber war auf sichere Versorgung für sich und ihre Kinder ausgerichtet. Das änderte sich schlagartig mit einer klitzekleinen Sache: Es war eine Medizin, die Frauen nur einzunehmen brauchten, um keine Kinder mehr zu bekommen.

Die Frauen, die zum Zeitpunkt der Erfindung jung genug waren, Kinder zu bekommen, begegneten dem Teufelszeug, vor dem auch ihre heilige Kirche warnte, mit einiger Reserve. Sex einfach nur zum Spaß statt legitimiert durch den Auftrag, zu wachsen und sich zu mehren – das war ein zu revolutionärer Gedanke, als dass er von heute auf morgen zu verdauen gewesen wäre. Aber mit den ersten Töchtern, deren aufgeklärte Mütter den Teenies lieber die Pille verschreiben ließen, statt ihnen die Zukunft zu verbauen, war die Erosion der Überzeugungen nicht mehr aufzuhalten. Zu groß war die Verlockung, selbst zu bestimmen, ob und wann man Kinder bekäme.

Die neue Freiheit in Germanien hatte zwangsläufig zur Folge, dass Frauen – und Männer sowieso – auf die Idee kamen, gar keine Kinder zu wollen. Dass es stattdessen viel schöner wäre, einen interessanten Beruf mit guter Bezahlung zu ergreifen und frei von Rücksicht auf Schulferien oder andere Lästigkeiten Urlaub zu machen und die Welt kennenzulernen.

Nun hatten sie aber in Germanien ein System, bei dem immer die Jüngeren, die noch arbeiteten, den Unterhalt derjenigen finanzierten, die zu alt waren zum Arbeiten oder zumindest für zu alt gehalten wurden und aus diesem Grunde nicht mehr arbeiteten. Deshalb ging die Sache mit der neuen Freiheit nicht lange gut. Als der Zustand erreicht war, dass die großen Rechenmeister des Landes nur noch 1,2 Kinder pro germanischer Frau ermittelten und außerdem feststellten, dass die Menschen immer länger lebten, weil inzwischen nicht nur die Anti-Kinder-Pille, sondern auch ganz viele Anti-Sterbe-Pillen erfunden worden waren, da schlugen sie Alarm. Germanien stirbt aus, hieß es.

Leider brauchte in Germanien der große Volksrat immer ein wenig länger, bis er die Probleme des Landes erkannte. Über die Frage, ob die Geschäfte öffnen dürften, wann sie wollten, konnten sie sich die Köpfe heißreden, auch darüber, wie viel der Staat von einer Erbschaft kassieren dürfe; aber was das Aussterben anging, hatten sie die Tatsachen einfach über viele Jahre verdrängt und gern Dinge gehört, die gar nicht stimmen konnten, zum Beispiel: »Die Renten sind sicher.« Damit war das Geld für die Alten gemeint, das die Jungen bezahlen mussten – was mit immer mehr Alten und immer weniger Jungen über die Jahre naturgemäß immer schwieriger wurde.

Eigentlich ist es verwunderlich, dass das Aussterbe-Thema in Germanien so lange ignoriert wurde, saßen doch im Volksrat erstaunlich viele Frauen, die eigentlich aus eigener Erfahrung mit der Anti-Kinder-Pille hätten wissen müssen, wohin die Reise geht. Andererseits konnte man vielleicht nicht zu viel erwarten, denn den vielen Frauen im Volksrat war auch nicht aufgefallen, dass es nur ganz wenige Frauen an der Spitze der großen germanischen Unternehmen gab und dass die Frauen im Lande immer noch schlechter bezahlt wurden als die Männer. Jedenfalls unternahmen sie nicht viel dagegen.

Es gab ja auch durchaus Frauen in Germanien, die viele Kinder bekamen. Aber diese Kinder sprachen meist kein Germanisch, und es war sehr teuer, es ihnen beizubringen. Wenn sie es aber nicht lernten und wenn sie auf dem Umweg über die Sprache nicht auch zu überzeugten Bürgern Germaniens wurden, würden sie vermutlich wenig Neigung zeigen, später einmal die vielen alten Germanen und noch mehr alten Germaninnen zu unterhalten. Das machte den Germanen Sorge.

Nun war scheinbar nicht schwer zu erkennen, warum so viele germanische Frauen kinderlos blieben. Sie wollten Spaß im Beruf und etwas, was sie jahrhundertelang vermisst hatten. Sie nannten es »Unabhängigkeit«, vor allem vom Mann, »Selbstbestimmung«, manche auch »Selbstverwirklichung«. Letzteres ist ein Wort, das man schwer erklären kann. Es hieß so viel wie: Ich mache mich selbst wahr. Sie merken schon, eine Art Philosophie und Ersatzreligion und deshalb vielen heilig.

Weil aber nicht alle Frauen ihre heiligsten Gefühle auf einem Präsentierteller vor sich her tragen und dieses hier obendrein so hätte aussehen können, als wolle man den Egoismus der Männer nun endlich auch für sich selbst in Anspruch nehmen, griffen sie gern zu einer ihnen bereitwillig von einigen Damen und auch Herren des Volksrates nahegelegten Begründung für ihren »Verzicht« auf Nachwuchs: Es fehle in Germanien an Betreuungsplätzen für Kinder, vor allem solchen Plätzen, wo man die Kinder den ganzen Tag unterbringen könnte.

Der Volksrat beeilte sich daraufhin, solche Plätze zu beschließen. Überall im Land sollten »Kindertagesstätten« bereits für die Kleinsten entstehen. Das Geld dazu war zwar nicht vorhanden; aber man würde es sich leihen. Die Schulden Germaniens waren ohnehin so astronomisch hoch; da kam es darauf auch nicht mehr an. Die nach der Bereitstellung der Kindertagesstätten sicher reichlich zur Welt kommenden neuen Germanen würden es schon bezahlen. Wenn jemand das nicht glauben wollte, verwiesen sie auf ihr Nachbarland Gallien. Da hatten die Frauen viel mehr Kinder, auch die Berufstätigen, weil sie ja dort auch etwas hätten, was die Gallier »Kinderkrippen« nannten.

Was die Germanen nicht wussten und in ihrer germanischen Sturköpfigkeit auch nicht wissen konnten, war, dass die Gallier die Kinder nicht wegen der Krippen bekamen, sondern weil Kinder für sie einfach zu einem glücklichen Leben gehörten, so wie Wein, Käse und Markt am Sonntag. Ihnen fehlte einfach etwas ohne Kinder. Darum sangen sie auch in ihrer Nationalhymne von den »Kindern des Vaterlandes« und strebten nicht wie die Germanen alles nur »brüderlich« an. Wenn die Gallier den Begriff »Selbstverwirklichung« gehabt hätten, wären in der Definition sicher auch Kinder vorgekommen; aber den hatten sie nicht, genauso wenig wie »Rabenmütter«. Vielleicht wussten sie, dass die Raben die liebevollsten Eltern unter der Sonne sind.

Die Germanen beschlossen also ihre spezielle germanische Form der Kinderkrippe, und weil die Germanen alles, was sie machen, sehr gründlich tun, mussten es »flächendeckend« angebotene Kinderkrippen werden.

Vereinzelt hatte es Stimmen gegeben, dass man das Problem doch auch klüger und preiswerter lösen könne. Etwa, indem man einen privaten Haushalt als das definierte, was er meistens ist: ein Kleinunternehmen mit vielen einschlägigen Funktionen: Einkauf, Verwaltung, Personalmanagement, sogar Public Relations, und dass man den Haushalten deshalb ermöglichen sollte, Arbeitsplätze zu denselben günstigen Bedingungen zu schaffen wie andere, »echte« Kleinunternehmen auch.

Ein Kindermädchen? Ein Putzmann? Eine Köchin? Ein Gärtner? Eine Altenpflegerin für die Oma? Aber gern doch, sagten die Befürworter, aber wir wollen diese Mitarbeiter bitte nicht von dem Einkommen bezahlen, für das wir schon Steuern entrichtet haben, sondern die Kosten von unseren Einkommen abziehen und nur noch Steuern zahlen für das, was dann bleibt. Das machen die Unternehmen doch auch und nennen es »Betriebsausgaben«, und schließlich schaffen wir doch genauso Arbeitsplätze.

Wie sehr das für viele Frauen ein Anreiz gewesen wäre, neben ihrem Beruf Kinder zu haben, und was das zugleich für eine wunderbare Jobmaschine gewesen wäre, erkannten die Germanen nicht, und das, obwohl noch nie so viele Menschen im Land ohne Arbeit gewesen waren und man viele Tätigkeiten im Haushalt doch recht schnell erlernen könnte. Aber die Befürworter dieser Idee, wenn sie denn weiblich waren und gebildet, mussten sich als »Upper-Class-Feministinnen« beschimpfen lassen. Denn in Germanien war es schick geworden, mit Begriffen wie »Global Player« und anderen nicht nur Angelsächsisch anzugeben, sondern auch Angelsächsisch zu schimpfen.

Ich würde dieses Volksmärchen nicht erzählen, wenn es nicht ein gutes Ende nähme. In der Märchenwirklichkeit sieht es so aus, dass die Germanen eines Tages wieder Kinder bekamen – nicht, weil jetzt jede Stadt eine Kinderkrippe hatte, sondern weil das Leben ohne Kinder sie einfach auf die Dauer anödete, trotz Beruf. Immer nur Wellness im Urlaub – das konnte es auch nicht sein.

Die meisten Frauen zogen es übrigens vor, die Betreuung selbst zu organisieren. Meist etwa 20 Elternpaare mieteten gemeinsam schöne Räume mit Garten, engagierten gemeinsam eine Kinderfrau und einen Kindermann und waren selbst jeder an mindestens einem Tag im Monat im »Kinderhaus« präsent. Es war ein Tag, auf den sich jeder freute, weil er zwar anstrengend war, aber mit tausend guten Ideen aus Kindermund belohnt wurde – und mit ebenso vielen Küssen.

Das ging aber nur, weil ein neuer Volksrat, um Geld zu sparen, ein paar Gesetze abgeschafft hatte. Denn wer Gesetze hat, braucht auch Leute, die aufpassen, dass sie eingehalten werden, und diese Leute kosten Geld. Weil sie aber kein Geld mehr hatten, brauchte auch niemand mehr zu kontrollieren, ob im Erdreich unter den Gärten der Kinderhäuser womöglich »Altlasten« verborgen waren, die die Eltern nicht gerochen hatten, oder ob die Kindermänner und -frauen auch staatlich geprüft und entwurmt waren.

Erst rümpften die Eltern der Kinder aus den staatlichen Kinderkrippen die Nasen. Doch als die Kleinen aus den Kinderhäusern erkennbar zu robusten, unverkrampften und erstaunlich selbstständigen Erstklässlern heranwuchsen, da machte die Kunde von der besseren Lösung die Runde. Ja, das Konzept »www.mieteltern.ger«, unter dem man die Kinderhäuser im Internet fand, bekam sogar den großen Preis des Landes Germanien. Denn das muss man wissen: Blöd sind sie nicht, die Germanen. Sie brauchen zwar oft etwas länger; aber sie lernen dazu.

Einer wie ich

Oder: Aufsichtsräte

Haben Sie schon mal jemanden am Telefon mit »Frau Müller« angesprochen, um dann von Herrn Müller korrigiert zu werden? Oder als »Herrn Ludwig«, wenn es in Wahrheit eine Frau Ludwig war? Das ist peinlich. Selbst wenn Sie nur jemanden bei den Stadtwerken sprechen wollten, der Ihnen die letzte Rechnung erläutert, und das Geschlecht in dem Zusammenhang so ziemlich das Letzte ist, was interessiert, solange der Mensch Ihnen eine vernünftige Auskunft geben kann – es bleibt peinlich.

Wem auch immer wir begegnen, und sei es nur akustisch und am Telefon – wir brauchen die Einordnung als Mann oder Frau, um das Verhalten von Menschen einschätzen zu können. Schon wenn wir einen Brief bekommen, der mit »W. Schneider« unterschrieben ist und nichts, aber auch gar nichts in diesem Brief verrät, ob der Absender ein Mann oder eine Frau ist, will uns das nicht behagen; wir wollen Klarheit in dieser Frage, selbst dann noch, wenn es jemand vom Finanzamt ist, der da schreibt. Man könnte ja unter der von diesem buchstäblichen Nobody angegebenen Nummer anrufen wollen und wüsste dann nicht, wie man diese Person anreden soll.

»Den« Menschen gibt es eben nur als Gattungsbegriff; konkret begegnen uns Männer und Frauen. Mit diesen Begriffen verbinden wir eine Welt von Erwartungen, was die einzelne Person angeht. Schon bei Kindern ist das

Geschlecht entscheidend. Gehen Sie mal in einen Buchladen und kaufen Sie ein Buch für einen Kindergeburtstag. Die erste Frage, die Sie hören, lautet: »Ist es für einen Jungen oder für ein Mädchen?«

Versuchen Sie bloß nicht zu sagen, das tue ja wohl nichts zur Sache; Sie wollten nur ein spannendes Buch. Damit kommen Sie nicht durch; Buchhändler, auch und besonders Buchhändlerinnen, sind da gnadenlos. Sie wissen genau, dass Sie einem Vierjährigen mit ›Bob der Baumeister‹ kommen können, aber bitte nicht mit ›Prinzessin Lillifee‹; die kaufen Sie besser für die Schwester. Denn, so können wir im Internet nachlesen, wenn wir es der Buchhändlerin nicht glauben: »Viel Rosa, Glitter und eine bezaubernde Prinzessin – das sind die Zutaten für das Lieblingsbuch neuer Mädchengenerationen.«

Bob der Baumeister und seine Gang von Baumaschinen, Baggi der Bagger, Buddel die Raupe, Mixi der Zementmischer, Heppo der Kran und Rollo die Dampfwalze – das ist eine andere Welt. Hier geht es um Lösungen für Konflikte, die man findet, indem Menschen und Maschinen zusammen spielen und arbeiten. Aus diesem Zeug werden Jungs geschnitzt.

Viele Millionen Bücher und Videos sind allein in Großbritannien, wo ›Bob the Builder‹ 1999 von der BBC erfunden wurde, inzwischen verkauft worden. Bobs Song »Can we fix it?« eroberte sogar Platz 1 der UK-Charts.

»Können wir es schaffen?« Das ist auch im übertragenen Sinne die Titelmelodie, mit der männliche Babys groß werden. Junge Mütter erzählen immer wieder, sie hätten es nicht für möglich gehalten und sie hätten das auch ganz bestimmt nicht speziell gefördert; aber sie stellen fest, dass ihre kleinen Jungs, kaum dass sie reden können, Automarken auseinanderhalten können, und ich muss gestehen, ich bin selbst Zeugin geworden, wie mir ein zweieinhalbjähriger Knirps auf einem Parkplatz zuverlässig alle Autos bezeichnete: Er sagte »Mercedes«, »BMW«, »VW« und »Audi«. Nur bei einem Auto blieb er stehen und sagte: »Den kenne ich nicht«; es war ein Lancia.

Doch, wirklich, beteuern die jungen Mütter, sie hätten versucht, auch ihre kleinen Mädchen für Bagger, Trecker und Gabelstapler zu begeistern; ja, und wenn sie älter wären, würden sie ihnen auch ganz bestimmt einen Chemie-Baukasten schenken; aber leider halte sich das Interesse doch sehr in Grenzen.

Nun fällt es einem schwer sich vorzustellen, dass das Interesse für Carrera-Bahnen genetisch bedingt sein soll. Aber wie auch immer das genaue Verhältnis zwischen angeborener Neigung und anerzogener Neugier sein mag – ein Mensch ist noch keine drei Jahre alt, wenn er bereits unumkehrbar in eine Schublade der Präferenzen gesteckt wird, die fortan von seiner gesamten Umgebung bedient wird. »Er ist eben doch ein typischer Junge«, sagen selbst aufgeklärte Mütter und klingen dabei weniger unglücklich, als sie es gemäß ihrem ebenfalls gern bekundeten Streben nach Chancengerechtigkeit für ihre Töchter sein müssten.

Denn die Sache bleibt leider kein Kinderspiel; die Schublade ist gleich fürs ganze Leben gezimmert. Auch im Beruf wird vom Mann unterstellt, dass er der »Can we fix it«-Fraktion angehört, während die Damen als Lillifees eher für die innere und äußere Schönheit der Unternehmen sorgen sollen: im Personalwesen, und dort besonders gern in der Ausbildung, in der Werbung und in der PR – und gern auch als Assistentinnen für die »Can we fix it-Männer« mit den starken Freunden und der Problemlösungskompetenz.

Die Schubladen werden besonders gern aktiviert, wenn es um Nachfolgefragen geht. Es muss hier daran erinnert werden, dass in deutschen Unternehmen nur rund zehn Prozent der Führungskräfte weiblich sind, und je höher in der Hierarchie, desto weniger. Wenn also eine hoch dotierte Position neu zu besetzen ist, weil ihr Inhaber aufsteigt oder ausscheidet, stehen naturgemäß kaum Frauen dafür zur Verfügung.

Aber selbst dort, wo es möglich wäre, die Position mit einer Frau zu besetzen, stehen die Schubladen dem meist entgegen. Sie sind gerade in erfolgreichen Unternehmen, wo der zu Ersetzende eine gute Arbeit geleistet hat, besonders unbeweglich: Man möchte am liebsten – und verständlicherweise – wieder so einen, und »wieder so einer« – das kann schon rein sprachlich nur ein Mann sein.

Vor diesem Hintergrund hat sich das in allen großen Unternehmen gängige Procedere herausgebildet, dass bei der sogenannten Ochsentour durch die Hierarchien immer ein »Ochse« einen anderen nachzieht. Das sind oft richtige Ochsengespanne. Steigt der eine aus dem Gespann ins Direktorium auf, wird der andere Abteilungsleiter; wird der Direktor in den Vorstand berufen, übernimmt der andere dessen Posten im Direktorium, und so weiter. Das geht oft bis hinein in die Aufsichtsräte, in denen nicht zufällig so viele ehemalige Vorstandschefs sitzen.

Es ist deshalb kein Wunder, dass noch nicht einmal jeder fünfzigste Aufsichtsrat in einem deutschen Großkonzern eine Frau ist. Die Damen sind den Herren hier fremder als die Ausländer, die jeden fünften Sessel besetzen.

Keine Hauptversammlung, bei der man sich nicht als Aktionär selbst ein Bild von der desolaten Situation machen könnte: Da sitzen sie alle aufgereiht wie die Hühner auf der Leiter, nur waagerecht und als Hähnchen, im Schnitt 3,3 Herren Aufsichtsräte, die aufpassen sollen auf einen Vorstand. Vielleicht würde ihnen ja weniger entgangen sein, etwa bei VW, wenn hier und da ein paar mehr Frauen mit aufgepasst hätten. Denn man kann über Frauen denken, was man will – als Gouvernanten für kleine Jungs, die Blödsinn machen, waren wir immer schon ganz gut.

Das gilt auch für die Vorstände. Es ist zu bezweifeln, dass eine Personalvorständin mitbestimmungsberechtigten Betriebsräten Callgirls bewilligen würde, um sie zustimmungswillig zu stimmen.

Sprachlos
Oder: Zahlen

In einem ›Märchenbuch für Managerinnen‹ dürfen, wenn diese Managerinnen den Überblick nicht verlieren wollen, auch ein paar weltweite Zahlen nicht fehlen, die die Situation der Frauen nicht nur im Beruf beleuchten. Besonders interessant sind dabei die Langzeitentwicklungen.

In den letzten beiden Jahrzehnten, so berichtete Zonta International 2005 unter Berufung auf die Unesco, haben in den meisten Ländern der Welt zwar mehr Frauen Zugang zu bezahlter Arbeit gefunden, aber ein großer Teil dieser gestiegenen Teilhabe am Arbeitsmarkt entfällt auf schlecht bezahlte, unregelmäßige Jobs mit schlechten Arbeitsbedingungen und mangelnder sozialer Absicherung.

Insgesamt haben Frauen nach wie vor einen unverhältnismäßig hohen Anteil an unbezahlter Haus- und Pflegearbeit, einen geringeren Status auf den Arbeitsmärkten und kaum Zugang zu Kapital und Bodenbesitz. In Entwicklungsländern besitzen Frauen weniger als 2 Prozent des verfügbaren Grund und Bodens.

Von den 875 Millionen Analphabeten auf der Welt sind 63 Prozent Frauen. In manchen Ländern können weniger als 50 Prozent der Frauen über fünfzehn Jahren lesen und schreiben.

Über 100 Millionen Erdenkinder im Schulalter gehen zu keiner Schule, und 60 Prozent von ihnen sind wiederum Mädchen. Dafür bekommen Mädchen im Vergleich zu Jungen das Doppelte oder Dreifache an häuslichen und anderen Gemeinschaftspflichten aufgebürdet.

Die Zahl der aidsinfizierten Frauen ist in den letzten zehn Jahren überall auf der Welt gestiegen und in Osteuropa, Asien und Lateinamerika geradezu explodiert. In den südlich der Sahara gelegenen afrikanischen Ländern sind 60 Prozent der Infizierten Frauen und Mädchen.

Rund 530 000 Frauen auf der Welt sterben alljährlich während Schwangerschaft und Geburt, weil sie keinen Zugang zu medizinischer Grundversorgung haben.

Jede dritte Frau auf dem Planeten ist schon einmal geschlagen, vergewaltigt oder auf andere Art missbraucht worden.

Ungefähr 2 Millionen Mädchen zwischen fünf und fünfzehn Jahren werden alljährlich Opfer von Frauenhandel und Zuhälterei.

Wie dumm

Oder: Die Ausreißer

In einer Stadt im Süden Deutschlands gab es zwei Familien, deren Namen alle kannten – nennen wir sie die Bayers und die Achenbachs. Sie waren wohlhabend, gebildet und einflussreich, und nach der Familie Achenbach war sogar eine Straße des Ortes benannt, weil einer der Vorfahren als Bürgermeister viel für die Stadt geleistet hatte. »Felix« hatte dieser Bürgermeister mit Vornamen geheißen, und seitdem waren alle erstgeborenen Jungen in dem von ihm abstammenden Zweig der Familie Felix getauft worden.

Die Familienclans waren in Stadt und Umgebung weit verzweigt, und wenn sich irgendwo in einem Unternehmen der mit vielen großen Unternehmen gesegneten Gegend ein junger Mensch mit Namen Bayer oder Achenbach bewarb, dann flüsterten die Personalverantwortlichen: »Oh, ist das einer von den Bayers« oder »Interessant, einer von den Achenbachs«, und ein besseres Entree konnte der Bewerber oder die Bewerberin gar nicht haben. Im Gegenteil: Die Unternehmen konnten ja froh sein, dass die hoffnungsvollen Talente nach ihrem Studium zurück in die Gegend kamen, denn natürlich waren diese jungen Leute in den spannendsten Metropolen der Welt herumgekommen und hatten nicht nur deutsche Zeugnisse in der Tasche.

Wie das so ist mit den Gesetzmäßigkeiten der Vererbung: Auch das stolzeste Elternpaar kann nicht sicher sein, dass unter seinen Kindern nicht mal ein Ausreißer ist, und es entsprach einer Laune des Schicksals, dass in ein und derselben Generation, mit einem Geburtsabstand von weniger als zwei Jahren, bei den Bayers wie bei den Achenbachs ein solcher Ausreißer das Licht der Welt erblickte.

Bei den Bayers war es ein Junge, genannt Maximilian, der endlich, nach drei Mädchen, von denen eines bereits ihr Abitur machte, zur Welt kam; bei den Achenbachs war es ein Mädchen, das sie Bella nannten und das wunschgemäß nach dem erstgeborenen Felix und im Idealabstand von zweieinhalb Jahren die Familie vorläufig komplettierte.

Bellas Name hätte passender nicht gewählt sein können. Schon die Hebamme rief erstaunt, noch nie habe sie ein schöneres Baby gesehen – eine Äußerung, die in dieser und ähnlicher Form noch oft getan werden sollte.

Wäre dieselbe Hebamme etwa zwei Jahre zuvor bei der Geburt des kleinen Maximilian Bayer dabei gewesen (was natürlich undenkbar war, weil die Clans bei solchen sensiblen Dienstleistungen keine Überschneidungen duldeten), hätte sie die Aussage vielleicht ein wenig in Richtung weibliche Neugeborene eingeschränkt; denn bewundernde Kommentierungen der Schönheit eines neuen Menschenkindes werden bei Jungen von den Eltern meist nicht ganz so freudig entgegengenommen wie bei Mädchen. Und da die Hebamme schon mindestens tausend Kinder geholt hatte, kannte sie sich aus. Die richtigen Worte waren neben aller Handfertigkeit die Basis eines florierenden Geschäfts in einer Zeit, in der die betuchten Leute unter ihren Auftraggebern immer seltener wurden, weil sie immer weniger Kinder bekamen.

Auch Maximilian war ein ausgesprochen schönes Kind, unglaublich schön, gemessen daran, dass seine Mutter von seinem Vater eigentlich eher als gute Partie aus ebenfalls gutem Hause geehelicht worden war und bei gesellschaftlichen Ereignissen mehr durch die teuersten Kleider auffiel als durch außergewöhnliche weibliche Reize. Umso mehr hatte es in der Stadt für einiges Aufsehen gesorgt, dass der gut aussehende Dr. Bayer seine Frau erkennbar noch einmal geschwängert hatte, »in diesem Alter«! Man schätzte die Frau allgemein auf etwa vierzig und nahm an, dass wohl der bislang unerfüllte Wunsch nach einem Sohn der Vater des Triebes gewesen sein müsse.

Entsprechend groß war der Neid, als das Knäblein auch noch so wunderschön anzusehen war, wie das inzwischen engagierte Kindermädchen eifrig herumerzählte. Einmal hatte sie die Kinderfrau der kleinen Bella beim Spaziergang im Park getroffen, wo beide mit den Babys unterwegs waren. Und obwohl das Konkurrenzdenken zwischen den beiden Familien längst auf das Personal übergegriffen hatte, konnte auch die Kinderfrau von Bella nicht leugnen, dass es sich »für einen Jungen« um eine ungewöhnliche Schönheit handelte.

Leider sollte sich herausstellen, dass die beiden Kinder mehr Gemeinsamkeiten hatten als ihr gutes Aussehen. Sie lernten beide spät sprechen, der Junge noch später als das Mädchen (aber das ist normal), und als sie in die Schule kamen, Maximilian mit einem Jahr Verspätung, weil er »noch so verspielt« war, hatten sie beide Mühe mitzukommen. Als sie älter wurden, waren Tennis und Golfen o. k.; aber beim Führerschein fiel Maximilian das erste Mal durch und schaffte das Abitur trotz umfangreicher Nachhilfe gerade mal eben, während Bellas Eltern ihr Kind als »eher musisch begabt« deklarierten, ihm Klavierunterricht verordneten und es im Übrigen auf einer Anthroposophenschule allen Standardvergleichen entzogen.

Schön waren Bella und Maximilian auch als Jugendliche uneingeschränkt: der eine groß gewachsen, mit breitem Kreuz, immer braun gebrannt und mit dichtem glänzenden Haar, ein Typ, den auch kluge Mädchen so lange anhimmelten, bis sie sich längere Zeit mit ihm unterhalten mussten; die andere mit einer solchen Modelfigur, dass ein Fotograf ihr zum Entsetzen des Vaters schon mal »ein unsittliches Angebot« gemacht hatte: Er wollte sie nackt fotografieren. Der Schmollmund, den Bella als Folge des Verbotes zwei Tage lang durch die Gegend trug, wäre allein eine ganze Fotostrecke wert gewesen.

Die Berufswahl der dummen Sprösslinge gestaltete sich erwartungsgemäß schwierig. Maximilian versuchte auf Geheiß der Eltern alles, was auch ohne Studium die Chance barg, der Familie keine Schande zu machen und ihn selbst womöglich über den Tod der nicht mehr so ganz jungen Eltern hinaus unabhängig von Subventionen. Natürlich waren sie bereit, auch finanziell für dieses Kind vorzusorgen, nachdem die drei Mädchen zum Glück alle einen erfolgreichen Berufsweg eingeschlagen hatten; aber sie waren nicht dumm und sahen, wie ihre Regierung das Land immer mehr in eine Inflation hineinsteuerte. Und was würde auch der stolzeste Geldbetrag dann noch nützen?

Mit Bella verhielt es sich ähnlich. Letztlich, und wenn man ehrlich war, konnte man sie nur als Hostess bei Messen und ähnlichen Anlässen gebrauchen. Da war sie allerdings gefragt. Die Verbindung von langen blonden Haaren, noch längeren Beinen und großbürgerlicher Attitüde ließ die Auftraggeber sogar darüber hinwegsehen, dass ihre Fremdsprachenkenntnisse besser hätten sein können. Nur im Englischen war sie einigermaßen passabel; dafür hatten die regelmäßigen »summer schools« auf der Insel gesorgt.

Bei einem ihrer Einsätze, zu dem auch zahlreiche Vertreter aus der Politik geladen waren, lernte Bella einen jungen Diplomaten kennen, der sich auf der Stelle und bis über beide Ohren in sie verliebte. Die Zuneigung muss wohl gegenseitig gewesen sein; jedenfalls brachte Bella den jungen Mann Pfingsten mit nach Hause.

Nun muss man wissen, dass Pfingsten bei den Achenbachs so etwas ist wie Weihnachten bei anderen Familien: Der ganze Clan kommt dann im Garten des Stammhauses zusammen. Womöglich ist die Pfingstsitte daraus entstanden, dass dieser Garten, eigentlich ein Park, mit seinen riesigen Rhododendren zu keiner Jahreszeit schöner ist als um Pfingsten herum.

Die schöne Bella in diesem Garten, in einem Meer von weißen und rosa Blüten – das muss den jungen Diplomaten bewogen haben, hic et nunc »um die Hand des Fräulein Tochter« anzuhalten. Das passte zu ihm und seiner Herkunft. Diese Frau würde ihn schmücken.

»Die dümmsten Bauern ...«, kommentierte die Älteste der Achenbachs, die als Wirtschaftsprüferin tätig war, am Rande der glanzvollen Hochzeit und fing sich zum ersten Mal seit Jahren einen Rüffel von ihrem Vater ein. Er wollte den Rest der Theorie nicht hören. Darum musste der Lebensgefährte des Lästermauls herhalten. Sie musste das einfach loswerden, was sie schon seit Langem beobachtete und was jetzt wieder einmal bestätigt worden war.

»Schau mal«, sagte sie zu ihrem Mann, »du kennst doch den Maximilian Bayer. Der ist genauso doof und schön wie mein kleines Schwesterchen; aber der hätte nie im Leben die Chance, von einer reichen Tusse weggeheiratet zu werden.«

»Na und?«, fragte ihr Mann, »was willst du damit sagen?«

»Na, dass eine kluge Frau nie einen dummen Mann heiraten würde, nur weil der gut aussieht.«

Da entgegnete der Mann etwas, was unserem Lästermaul die Sprache verschlug: »Da siehst du mal, wie dumm ihr sein könnt, meine Liebe.«

Unser Mann
Oder: Bretterhart

Geht Ihnen das auch so: Zeitungs- oder Zeitschriftenseiten, die lauter Gesichter zeigen, kann man sich kaum entziehen. Fast zwanghaft liest man durch so ein »Who is who«.

So ging es mir sogar bei ›Landtag intern‹, einer Publikation, die der Landtag von NRW verschickt, als diese, noch dazu auf Ausklapperseiten, die Abgeordneten vorstellte. 187 seien es, so las ich da. Spontan hatte ich den Eindruck, es seien mehr Frauen als Männer. Aber das täuschte: Die Frauen fielen nur mehr auf – durch rote Lippen, blonde Haare, leuchtende Jacketts, kurz durch mehr Mut zur Optik. Als ich dann nachzählte – ja, so verrückt kann man sein! –, waren es in Wahrheit nur 51 Frauen, also keine 28 Prozent und damit sogar noch etwas weniger als im alten Parlament mit seinen 31 Prozent Frauenanteil.

Kein Wunder: Bei der Wahl hatte sich die Zusammensetzung der Parteien im Landtag geändert. Stärkste Fraktion war die Union geworden, bei der nur jeder siebte Parlamentarier weiblich ist. Der Abschied von Rot-Grün bedeutete auch eine Vermännlichung des Parlaments, denn bei der SPD stellen die Frauen gut 40 Prozent der Abgeordneten, bei den Grünen sogar 50. Die Liberalen sind nicht ganz so männlich dominiert wie die Christdemokraten: Immerhin ein Viertel der blaugelben Parlamentsmitglieder ist weiblich.

Zum Begriff des Konservativen scheint immer auch

noch die Auffassung zu gehören, dass Frauen Sinnvolleres tun können, als nach politischem Einfluss zu streben. Aber lassen Sie uns nicht ungerecht sein: Gemessen an den Verhältnissen in der deutschen Wirtschaft sind selbst magere 14 Prozent Frauen bei der CDU schon ganz ordentlich. NRW ist übrigens kein Einzelfall: In der deutschen Politik sind die Frauen durchweg stärker repräsentiert als in der Wirtschaft. Ob sie das als Verpflichtung ansehen, im Sinne der Frauen auf die Wirtschaft einzuwirken, ist allerdings eine Frage, die nur zum Teil mit Ja beantwortet werden kann.

Bemerkenswert ist, wie ausgerechnet die Partei, in der die Frauen am stärksten repräsentiert sind und deren Gesicht über die Jahre von wechselnden – in der Sprache konservativer Männer – »Schreckensweibern« geprägt wurde, in der Lage ist, wo nötig auch eine komplette Rolle rückwärts zu vollziehen, wenn es um die Macht geht.

Gut beobachten konnte man das bei einem Bundesparteitag der Grünen, der die Frage zu klären hatte, mit welchen Spitzenkandidaten die Partei in den Wahlkampf zu gehen gedenke. Es kandidierte ein Mann: Joschka Fischer, und er hatte keinen Zweifel daran gelassen, dass er allein kandidieren wolle.

An der frauenschwangeren Basis gab es aber eine Stimmung für eine »Doppelspitze« aus Mann plus Frau, so wie es sich nach grüner Überzeugung gehörte und wie es im Übrigen versprochen war. Wäre es nach der Parteiführung gegangen – der entsprechende Antrag eines Kreisverbandes wäre gar nicht erst diskutiert worden. Aber grün ist die Basisdemokratie, und so kam der unliebsame Antrag doch auf die Tagesordnung.

Die Rolle, den Antrag vorzutragen, fiel einer Studentin von nur 25 Jahren zu. Sie warb für die Doppelspitze, die doch versprochen sei. Aber was gilt ein Versprechen, wenn der mächtige Kandidat keine Kandidatin neben sich duldet? Dabei ist es nicht so, dass sie keine Kandidatinnen gehabt hätten in dieser bemerkenswerten Stunde: Da waren eine Bundesministerin (Renate Künast), eine Ex-Landesministerin (Bärbel Höhn) und eine Bundesparteichefin (Claudia Roth).

Doch was taten besagte drei Damen? Sie kandidierten nicht, keine von ihnen. Und das, obwohl Claudia Roth Fischer noch vor Jahren als »Leitganter« tituliert hatte, wo doch die Natur so etwas nicht vorsehe. Nein, alle drei Damen waren sich einig: Sie wollten »unseren stärksten Mann«, denn – das sei klar – der Wahlkampf werde »bretterhart«. Was ja im Umkehrschluss wohl so viel heißt wie: Wenn es hart wird, sind Frauen fehl am Platz.

Aber sie wussten, wie sie sich trösten konnten. »Beim nächsten Mal«, sagte eine, »gibt es aber eine Doppelspitze.« – »Nein«, sagte eine andere, »beim nächsten Mal steht eine Frau vorn.« So machen nicht nur grüne Frauen sich gern etwas vor, ohne rot zu werden.

Die kleine Studentin aber, die den Antrag formuliert hatte, war ganz glücklich, weil ihr Begehren nur mit 60 zu 40 abgeschmettert worden war, und sah darin, »dass die uns ernst nehmen.« Ja, das macht glücklich, wenn die Männer die Frauen ernst nehmen, aber trotzdem bekommen, was sie wollen.

Die Grünen haben dann übrigens wieder eine Doppelspitze bekommen, immerhin.

Raffiniert

Oder: Die Super-Gastgeberin

Es ist schwer zu sagen, woran es lag – aber schon bald, nachdem die Eins des 20. Jahrhunderts der Zwei des 21. gewichen war, irgendwo beim Übergang zwischen 1999 und 2000, ist zwar, anders als von vielen prophezeit, mit den großen Rechnern nicht viel passiert, keine Abstürze und kein Super-Gau; aber mit den Menschen hat sich etwas geändert, den Menschen in Deutschland, nicht plötzlich und unerwartet, sondern nach und nach, schleichend.

Manche, die es früh erkannten, schoben es dem Euro zu. Mit der heiß geliebten D-Mark hatten die Deutschen ein Stück ihrer Identität verloren. Es war ja auch einigermaßen bitter, nicht mehr das geheimnisvolle Lächeln der Clara Schumann auf dem blauen Schein in der Brieftasche zu spüren und die zarte Frau mit dem Eichen-Setzling auf dem 50-Pfennig-Stück in der Geldbörse. Mit der neuen Währung war uns ein Stück schönster deutscher Weiblichkeit abhandengekommen.

Es waren uns aber nicht nur schöne Münzen und Scheine, sondern auch tatsächlich Geld abhandengekommen. Für eine Strumpfhose, die früher 19 Mark kostete, zahlten wir auf einmal 13 Euro gleich 26 Mark, im Parkhaus verlangte der Automat 2 Euro pro Stunde, wo sich zuvor bei 4 DM ein Proteststurm erhoben hätte, und der Toilettenfrau legten wir statt 50 Pfennig 50 Cent hin, weil uns 20 plus 5 zu knickrig ausgesehen hätte und uns schon die 50 Cent nicht gefielen, weil der Silberglanz in der neuen Währung erst bei einem Euro beginnt. Bei einer silbernen deutschen Mark oder gar zwei für einmal Pipi hätten wir uns früher was in die Hose gemacht.

Am tollsten aber trieb es die Gastronomie. Nicht alle, aber viele Wirte nutzten die Gelegenheit, die Beträge zu übernehmen und nur die Währung neu zu denken und damit die Preise glatt zu verdoppeln. Und wenn man dann als großzügiger Mensch noch zehn Prozent Trinkgeld obendrauf legte, ging man nach einem Restaurantbesuch zwar nicht unbedingt mit Bezug auf das Gewicht, aber doch im übertragenen Sinne erleichtert nach Hause.

Oft fragte man sich erst im Nachhinein, ob das denn wohl ernst gemeint sein konnte, jene 21 Euro für eine schnöde Leber Berliner Art bei einem Wirtschaftsdinner in einem Hotel, und das auch noch ohne Auswahl. Oh, Verzeihung, 200 Milliliter Wasser waren noch dabei.

Wie gesagt, man weiß nicht so genau, ob es daran lag, oder ob da auch eine neue Häuslichkeit, genannt »Cocooning«, mit ins Spiel kam, die ganz andere Ursachen hatte; jedenfalls war es, auch nachdem die Wirte in Erkenntnis ihres Fehlers längst ein Stück weit zurückgerudert hatten, auf einmal schick geworden, selber zu kochen.

Wurde es früher als nobel angesehen, wenn ein Gastgeber zum Essen in ein gutes Restaurant einlud, so war ausgerechnet in Zeiten satt gestiegener Preise diese Großzügigkeit viel weniger wert als der besondere Vorzug, in das Privathaus des Bewirtenden eingeladen und dort von der züchtig waltenden Hausfrau höchstselbst bekocht zu werden.

Selbst ein Koch, für teures Geld dazu verpflichtet, am

häuslichen Herd die begnadeten Hände für eine überschaubare Zahl von Gästen wirken zu lassen, konnte auf der Richterskala der gesellschaftlichen Akzeptanz plötzlich nicht mehr so punkten wie das Kürbissüppchen von Frau Dr. Meyer-Möchtegern. Äußerstenfalls »Fingerfood« – was so heißt, weil man es mit den Fingern essen muss, obwohl die Gastgeberin den ganzen Schrank voller Silberbesteck hat – bot eine diskutable Alternative zum Selbstgekochten der Gastgeberin, die aber gern – sofern dieser zumindest für niedere Arbeiten geeignet erschien – ihren Partner als Co-Créateur einsetzen durfte.

Auch der Einkauf war gefälligst selbst vorzunehmen und brauchte und sollte vor intelligenten »Schnäppchen« nicht haltmachen. Nur »raffiniert« musste alles sein und story-trächtig. Gut, wenn man zehn Kilometer gefahren war, um das allerletzte Liebstöckelpflänzchen auf einem entlegenen Wochenmarkt zu ergattern; gut aber auch, wenn man bei Aldi den Champagner für das luftige Nudelgericht zu einem »Wahnsinnspreis« bekommen hatte. »So gut war der, den hätte man glatt trinken können!« Weshalb es natürlich eine besondere Auszeichnung war, dass er nur in die Nudeln gewandert war.

Ja, so verbanden sich die neue Lust am Sparen, an der Häuslichkeit und am Schnäppchenjagen zu einer nie dagewesenen Kultur der Unprofessionalität, einer Art Heimwerker-Ich-bin-doch-nicht-blöd-Haltung, die anders als die aus Kaninchenställen gezimmerten Wohnzimmerschränke der Nachkriegszeit nicht unbedingt mit Mangel an Ressourcen entschuldigt werden konnte.

Total out, wie es eine national verbreitete Zeitung in einer den Klatschblättern abgeguckten »IN und OUT«-Kolumne zum Besten gab, waren Büfetts, total out. Das hätte der Hausfrau ja auch zu wenig Arbeit gemacht und war für den Fall, dass jemand die Stirn haben sollte, sich über herrschende Trends hinwegzusetzen, mit einer zu billigen Strafe belegt. Wenn schon nicht total IN mit Selberkochen, dann wenigstens total teuer mit personalintensivem Fingerfood. Abweichler müssen schließlich gesellschaftlich geächtet werden.

Unschwer zu erkennen, dass der geschilderte Trend einer Gruppe von Menschen überhaupt nicht in den Kram passen konnte: den berufstätigen Frauen. Woher bitte sollten sie die Zeit nehmen, nach einem Arbeitstag auch noch Gäste zu bekochen, und woher die Zeit, die nötigen Zutaten, die zwar nicht teuer, aber unbedingt »edel« und in jedem Fall »superfrisch« zu sein hatten, auch noch selbst zu besorgen? Selbst ein Delegationstalent kann ja nicht vorhersehen, ob man im Angesicht des eigentlich geplanten Kaninchens am »point of sale« nicht doch lieber auf das viel besser aussehende Lamm umsteigt, und wird den Einkauf deshalb kaum der Haushaltshilfe überlassen. Das Wochenende aber braucht eine berufstätige Frau in der Regel für einige liegen gebliebene private Dinge und sicher eher zur Erholung als zum Schlangestehen in Feinkostabteilungen.

Dennoch ließ sich eine Unzahl von Frauen vom Virus Trend infizieren und kochte, was das Zeug hielt. Selbst leitende Frauen aus großen Unternehmen setzten ihren Ehrgeiz darein, mit ihrer Hände Kraft und ihrer Beine Schmerzen Mehrgang-Menüs für zwölf Personen herbeizuzaubern, und das auch noch so exakt geplant, dass sie als Gastgeberinnen an den Gesprächen teilnehmen konnten, statt permanent in der Küche zu stehen. Militärstrategien sind gar nichts dagegen; da kämpfen dieselben Leute wenigstens immer nur an *einer* Front und nicht in der Küche und in der Kommunikation gleichzeitig.

Die Partner dieser Frauen waren unglaublich stolz auf ihre Super-Gastgeberinnen, und mit schöner Regelmäßigkeit ließen sie in den Gesprächen das Wort von der »Powerfrau« fallen. Und auch die Gäste waren immer voll des Lobes, die Männer sowieso, denn ihnen war es noch immer egal, wer sich für ein leckeres Essen gequält hatte, wenn es nur schmeckte, und die Frauen zumindest verbal auch – auch wenn das Lob der Frauen, die in keine Büros gingen, sondern den Haushalt zu ihrem Beruf erkoren hatten, meist etwas verhaltener daherkam, weil sie hier erleben mussten, dass sie von einer, die sich erlaubte, nun auch noch auf dem ureigensten Feld der anderen Fraktion zu kämpfen, zwar nicht geschlagen, aber doch zur Anerkenntnis der Waffengleichheit gezwungen wurden.

Das ging so lange gut, bis eine bis dahin nicht gehörte Krankheit von sich reden machte, das sogenannte CP-Syndrom. Warum die Mediziner der Krankheit einen halb-englischen Namen gegeben hatten, obwohl sie doch hauptsächlich in Deutschland verbreitet war, ist unklar; jedenfalls stand die Abkürzung für »Cooking Powerfrau«-Syndrom. Erst waren es Einzelfälle, von denen die Öffentlichkeit wenig Notiz nahm; aber als sie sich häuften und in Ärztekreisen darüber gesprochen wurde und einer dann den Namen »CP-Syndrom« prägte, erschienen erst vereinzelte und dann immer mehr Artikel in der Presse, die sich mit dem Krankheitsbild auseinandersetzten und gefährdete Kreise vor den Gefahren warnten.

Es war einfach so, dass Frauen, die nach einem Bürotag abends Gäste bewirtet hatten, in dem Moment, in dem eigentlich alles vorbei war, wenn sie die Kerzen ausgeblasen und die Gläser zusammengestellt, die Aschenbecher geleert und die Stühle wieder zurechtgerückt hatten, wenn sie die Essensreste in den Kühlschrank befördert und den angebrochenen Rotwein gerettet hatten, plötzlich Schüttelkrämpfe bekamen und dann ohnmächtig zusammensanken.

Ihre Männer konnten ihnen dann meist nicht helfen, weil sie voll des guten Weines waren, wenn sie denn überhaupt etwas bemerkten, weil einige der Super-Gastgeberinnen es vorzogen, das Aufräumen allein zu machen, statt einen seiner Bewegungen nicht mehr ganz sicheren Ehemann Tabletts mit teuren Gläsern balancieren zu lassen. Deshalb hatten die Herren in einigen Fällen bereits dort gelegen, wohin ihre Superfrauen sie geschickt hatten: im Bett.

Nein, keine Angst, tödlich ging das CP-Syndrom nie aus. Die toughen Damen wachten in aller Regel nach einigen Stunden von selbst wieder auf – mit Gliederschmerzen und dem einen oder anderen blauen Flecken. Aber meistens mussten sie an diesem Tag und auch an den folgenden ihre Büro-Termine komplett absagen; so schwach fühlten sich die Powerfrauen. Und obwohl Arbeitsausfall wegen Krankheit nach der Gesetzeslage kein Kündigungsgrund hätte sein dürfen, machte doch das Wort von der CP-Kündigung die Runde: Die Cooking-Powerfrauen lebten gefährlich.

Nadelsalat

Oder: Die Netzwerk-Kannibalisierung

In Hannover an der Leine gab es eine Frau, die hatte jeder, der auch nur halbwegs in die Gesellschaft integriert war, schon einmal gesehen, viele hätten sogar ihren nicht ganz unkomplizierten Namen richtig geschrieben, weil sie ihn oft in der Zeitung gelesen hatten, und hätten auf Anhieb aufzählen können, bei welchen Gelegenheiten die Dame aufzutauchen pflegte. Manche, die sie gut kannten, erlaubten sich ihr gegenüber Scherze der Art: »Sie tanzen aber auch auf jeder Hochzeit!«, und wenn es sich nicht um eine Frau gehandelt hätte, hätten sich einige Herren hinter ihrem Rücken zugeworfen: »Keine Feier ohne Meier«.

Dabei ging es der Dame gar nicht ums Feiern. Sie wollte nur, wie die Männer auch, im Interesse ihrer Geschäfte in keinem wichtigen Zirkel fehlen. Denn sie führte eine bedeutende, international tätige Spedition. Das war eigentlich eine Männerbranche, besonders in den kleineren Unternehmen geprägt durch Kollegen, die, wenn sie nicht gleich selbst eine Möbelpacker-Karriere hinter sich hatten, auf jeden Fall ähnlich handfest agierten. Luise Müller-Mestmäcker aber war eine Quereinsteigerin. Sie hatte erfolgreiche Jahre in einer großen Wirtschaftsprüfungsgesellschaft hinter sich, als die Spedition sie abwarb. Denn sie gehörte zu den Prüfern im Team, die nicht nur behaupteten, sie hätten verstanden, was einen Mittelständler umtreibt, sondern es auch tatsächlich verstanden hatten.

Nur ungern ließ ihre Firma Luise ziehen, denn nachdem der Markt der großen Konzerne unter den Wirtschaftsprüfungsgesellschaften aufgeteilt war, stürzten sie sich gerade alle auf den wohlhabenden Mittelstand. Doch sie hatten den entscheidenden Tick zu lange gezögert, »Mittelstands-MM«, wie Frau Müller-Mestmäcker im Hause genannt wurde, zur Partnerin zu machen, und nun bekamen sie die Quittung.

Luise hoffte, dass sie Konsequenzen aus dieser Lehre zogen, denn sie hatte nur zu genau beobachtet, dass an eine Frau noch strengere Maßstäbe angelegt wurden als an Männer, wenn es um den Aufstieg in den Olymp der Partner und damit zugleich in die Beteiligung am wirtschaftlichen Erfolg oder Misserfolg des Unternehmens ging. Es war geradeso, als müssten die Frauen durch ein Übermaß an Qualifikation die lauernde Gefahr eines vorübergehenden oder gar gänzlichen Ausfalls durch Schwangerschaft ausgleichen.

Das fand Luise nicht in Ordnung. Und um zu demonstrieren, wie sie in diesen Dingen dachte, hatte sie bei ihrer Hochzeit ihren Mädchennamen behalten und den ihres Mannes angehängt. Dass das phonetisch kein Traum war, nahm sie dabei in Kauf, und den zu erwartenden Spott schätzte sie richtig ein: Er würde das Seine zu ihrer Profilierung beitragen. Von einem Spitznamen hatte sie nicht zu träumen gewagt; aber etwas Besseres als »Mittelstands-MM« hätte ihr gar nicht passieren können.

Mit dieser eher rustikalen Einstellung passte Luise perfekt in das Speditionsmilieu. Aber auch in der Brauwirtschaft oder am Bau und überall, wo es handfest zuging, hätte sie keine männliche Konkurrenz zu fürchten gehabt. Luise beobachtete die Dinge genau. Nicht umsonst hatte sie sich unter drei Wirtschaftsprüfungsgesellschaften, die sie nach dem Studium allesamt hatten haben wollen, für diejenige entschieden, die im Ruf stand, besonders stark in der Analyse zu sein. Mit ihrem messerscharfen Verstand hatte sie auch früh erkannt, wie Männerwirtschaften funktionieren, und dass erfolgreiche Manager einen Großteil ihrer Karriere gut funktionierenden Netzwerken verdanken.

Dabei wusste sie klug zu differenzieren. Dass man Geschäfte beim Golfspielen macht, hielt sie schon zu einer Zeit für ein Gerücht, als Golf noch kein Massensport war. Wer Zeit hatte, über die Plätze zu ziehen, war nach ihrer Beobachtung meistens schon pensioniert. So zumindest legte sie sich das zurecht; aber wenn sie ganz ehrlich war, hatte sie durchaus einmal den Versuch unternommen, einen Schläger zu bewegen. Das Netteste an dem Versuch in einem kleinen Nobelhotel auf Mallorca mit eigenem Platz war der Pro gewesen; aber selbst der musste anerkennen, dass Luise für diese Art von Ballsport schlicht unbegabt war. Das war es dann mit dem Golfsport; denn Luise hielt sich nicht mit Sachen auf, die sie nicht weiterbrachten.

Dafür ließ sie buchstäblich nichts anderes aus, was nach Netzwerk, Informationen und Geschäften roch. Schon im Studium suchte sie trotz der für Mädchen unmöglichen Mitgliedschaft den Kontakt zu einer Studentenverbindung, und mittlerweile war sie nicht nur in einem, sondern sogar in zwei Service-Clubs. Sie gehörte einem Managerinnen-Zirkel ebenso an wie Fördervereinen für Kunst, Kultur und Wissenschaft, und weil sie selbst kinderlos war, kompensierte sie das durch den Vorsitz in einer Stiftung für das begabte Kind. Sie war ehrenamtliche Handelsrichterin und Vorsitzende des Verkehrsausschusses der örtlichen IHK und nahm Funktionen in diversen Organisationen ihrer Branche wahr. Wenn sie morgens das Haus verließ, musste sie immer überlegen, welche der vielen Mitgliedsnadeln sie denn wohl heute ans Revers heften sollte.

So kam es, dass Luises Terminkalender immer zum Bersten voll war – tagsüber sowieso, aber abends auch, und dass sie an manchen Tagen von einem Termin zum andern hetzte. Denn es scheint so etwas wie ein Naturgesetz zu sein. Artikel 1 lautet: Leute, die man überall trifft, werden auch zu allen anderen Anlässen eingeladen. Und Artikel 2: Die interessantesten Termine sind immer zeitgleich.

Das Terminproblem eskalierte, und bald ergab sich eine Situation, die Luises Mann, sonst die pure Duldsamkeit, leicht angesäuert als »Netzwerk-Kannibalismus« bezeichnete. Da läuteten für Luise die Alarmglocken. Und an einem Sommerabend, an dem sie sich eigentlich zwischen einem Vortrag in einem ihrer Clubs, der Eröffnung eines neuen Restaurants, einem Empfang des Oberbürgermeisters, einer Mitgliederversammlung des Bühnenvereins und einer Ausstellungseröffnung zu entscheiden gehabt hätte, ging sie nirgendwohin, sondern blieb zu Hause, machte einen Wein auf, setzte sich auf die Terrasse und tat das, was sie als Wirtschaftsprüferin gelernt hatte: Sie erstellte eine Analyse, eine Art Benchmarking der Netzwerke.

Zuerst notierte Luise die Faktoren, auf die es ankam: Nutzen, Zeitaufwand, Kosten, Spaß. Dabei stellte sie unter anderem fest, wie teuer ihr Netzwerk-Leben sie kam – nicht nur wegen der Mitgliedsbeiträge, sondern wegen der vielen Fehlgelder für nicht wahrgenommene Präsenzen und der Spenden in einer Höhe, die unter anderem häufiges Nicht-Erscheinen bei wichtigen Terminen kompensieren sollte.

Und dann kam die Konsequenz. Sie betrachtete sich selbst, Luise, als zu sanierendes Unternehmen und forderte harte Einschnitte. Die Vorgabe: Drei Engagements, keines mehr, wollte sie sich künftig leisten – aus zeitlichen, aus menschlichen und durchaus auch aus finanziellen Gründen.

Welche drei am Ende dabei herausgekommen sind, liebe Leserin, ist weniger interessant als die Tatsache, dass Luise sich tatsächlich auf drei konzentriert hat und gleich am nächsten Tag entsprechende Briefe an die anderen formuliert hat. Nur ihr Mann, der durfte schon am Abend wissen, welche drei Engagements das Benchmarking überlebt hatten, und er freute sich, denn eines davon war er. Und unkompliziert war die Entscheidung in seinem Fall obendrein: Für ihn brauchte Luise keine Nadel auszusortieren.

Schlagfertig

Oder: Der Vater-Komplex

Es gibt Männer, die werden von tüchtigen Frauen hochgradig verunsichert – zumindest dann, wenn solche Frauen ihnen in ihrem beruflichen Umfeld begegnen. Leonore hatte das bereits in ihrem ersten Job nach der Uni gelernt.

Sie war Chemikerin und froh, in einem großen, sehr angesehenen Unternehmen einen Job in der Forschung gefunden zu haben. Das war gar nicht einfach gewesen. Mehr als einmal hatte sie zu Gesprächen anreisen müssen, zuletzt zu einer Veranstaltung, die sie »Assessment Center« nannten. Da waren etwa ein Dutzend Bewerber um ein und denselben Posten gleichzeitig eingeladen und hatten nur die Aufgabe, sich in Gegenwart leitender Leute aus der Forschung und dem Personalmanagement zu unterhalten. Wieso das den Ausschlag gegeben hatte, ihr vor allen andern Bewerbern den Zuschlag zu geben, hätte Leonore gern gewusst. Aber egal: Sie hatte den Job und konnte nach den Sommerferien anfangen.

Im Moment hatte sie sowieso ganz andere Dinge im Kopf, denn sie wollte heiraten. Sie hatte sich an der Uni in einen Dozenten verliebt, um den sie regelrecht gekämpft hatte. Denn der hatte einige Enttäuschungen hinter sich und erklärt, noch eine Ehe käme für ihn nicht mehr in Frage. Der Mann war wesentlich älter als Leonore. Genau genommen hätte er ihr Vater sein können. Und ein wenig bewunderte sie ihn auch wie einen Vater – als Mensch und weil er einen legendären Ruf in seinem Fachgebiet hatte.

Wie Leonore es geschafft hatte, den Zauderer umzustimmen und für einen erneuten Gang zum Standesamt zu gewinnen, blieb ihr Geheimnis; jedenfalls war sie so glücklich, dass sie ungeachtet der Tatsache, dass sich auch mit ihrem Mädchennamen bereits eine Reihe von viel beachteten wissenschaftlichen Veröffentlichungen verbanden, seinen Namen annahm. Es war eine Demonstration der Liebe und der Eroberung zugleich. So kam es, dass Leonore ihren ersten Arbeitstag in der Firma mit einem anderen Nachnamen begann als demjenigen, unter dem sie sich vorgestellt hatte.

Empfangen wurde sie an diesem unvergessenen Morgen vom Leiter der Forschungsabteilung, in der sie tätig werden sollte. Sie kannte den Mann bisher nur aus dem Assessment Center: Er hatte zugehört und ab und an eine Frage in die Runde geworfen. Die Sekretärin hatte Leonore unter ihrem neuen Namen in sein Büro geführt, als der neue Chef ihr als Erstes eine Frage entgegenschleuderte: »Haben Sie einen Vaterkomplex?«

Leonore war nicht auf den Mund gefallen. Aber so etwas hatte sie noch nicht erlebt. Es war impertinent, die pure Provokation, Mobbing von der ersten Sekunde an. Sie war sprachlos.

Es ist erstaunlich, welche Folgen eine kurze Äußerung haben kann. Für Leonore stand auf der Stelle fest: Sie würde diesen Mann bis aufs Messer bekämpfen. Aber erst im Nachhinein, als sie sich nach diesem ersten Arbeitstag immer wieder die verletzende Situation vergegenwärtigte, kam sie noch zu einer zweiten Konsequenz: Sie würde ihre Schlagfertigkeit trainieren. Sie hätte das nicht einfach einstecken dürfen, sprachlos, wie sie war, sondern kontern müssen. Etwa so: »Haben Sie einen Vaterkomplex?«, sagt er – und sie: »Aber ja, und welchen Komplex haben Sie?« Ja, das wäre gut gewesen; aber es war ihr in der Situation nicht eingefallen.

Ihr ganz privates kleines Trainingsprogramm in Sachen Schlagfertigkeit sah so aus, dass sie systematisch, in allen möglichen Situationen, auch solchen, die sie selbst gar nicht betrafen, passende Antworten mitdachte. Ob im Zug oder im Wartezimmer, bei Talkshows oder im Restaurant – wo immer sie Zeit hatte, ihre Gedanken damit zu beschäftigen, dachte sie sich schlagfertige Varianten zu mitgehörten, ungeschickten Entgegnungen aus. Und wenn sie tatsächlich einmal echter Schlagfertigkeit im wirklichen Leben begegnete, dann freute sie sich und sammelte die Episode wie andere Menschen Briefmarken.

Einmal wurde sie Zeugin, wie auf einem teuren Kreuzfahrtschiff der Maître d' an den Restauranttisch eines Ehepaares trat und an den Herrn gewandt sagte: »Der Vorstandsvorsitzende unserer Reederei kommt morgen an Bord und lässt fragen, ob er und seine Frau für einige Tage Ihren Tisch haben dürfen. Die Reederei würde Ihr Entgegenkommen gern honorieren und Sie und Ihre Frau zu allen Getränken dieser Reise einladen.« Wer weiß, wie begehrt exquisite Zweiertische in Restaurants von Kreuzfahrtschiffen sind, konnte dies bei allem charmanten Vortrag nur als Unverschämtheit empfinden. Leonore goutierte deshalb die Antwort des Passagiers: »Richten Sie Ihrem Vorstandsvorsitzenden bitte aus, er könne sich glücklich schätzen, dass Gäste wie meine Frau und ich unseren Wein gern selbst bezahlen.«

So wurde Leonore tatsächlich mit der Zeit schlagfertig, was ja nichts anderes heißt als fertig zum Schlag, und so lernte sie vor allem, dem Vorgang das Spielerische, das Sportliche abzugewinnen. Immer mehr erkannte sie, dass Männer viele der von Frauen als verletzend empfundenen Äußerungen nur wie einen Spielball verstehen, als ein Angebot zum Kräftemessen: Mal sehen, wer schneller, härter, pfiffiger ist – du oder ich.

Inzwischen hatte Leonore längst die Firma und damit auch die Stadt gewechselt und den Ex-Chef, den sie doch bis aufs Messer hatte bekämpfen wollen, völlig vergessen, als sie durch Zufall eine Geschichte hörte, die ihr einigen Spaß machte. Der Mann hatte, wie sie aus zuverlässiger Quelle erfuhr, eine Mitarbeiterin geschwängert, die seine Tochter hätte sein können. »Gratulation zum Vaterkomplex!«, dachte sich Leonore und reihte den Fall in ihre Sammlung ein.

Dick und dünn

Oder: Lean Management

Wenn in Herbert Rosendorfers Roman ›Reise in die chinesische Vergangenheit‹ ein Mandarin seine Zeitreise in die Moderne nach »Minchen, Bayan« antritt, dann freut er sich, wenn es regnet, weil er dann Männlein und Weiblein auseinanderhalten kann. Denn nur die Männlein tragen schwarze Schirme.

Seit dem Erscheinen des Buches sind einige Jahre ins Land gegangen. Der Trend zur Angleichung der Geschlechter hat sich zwischenzeitlich von der reinen Optik (Gestalten in Nadelstreifenanzügen hier wie dort) auf den Geruchssinn ausgedehnt. »Unisex-Düfte« lautete die Losung, das Bestreben nach Gleichheit machte auch vor der Nase nicht Halt.

Auch die Fitness-Welle ergriff die Geschlechter gleichermaßen: Alle, Männer wie Frauen, sollten bitteschön schlank sein, kein Pfund zu viel. Seitdem laufen in den Großstädten Jogger und Joggerinnen neben stinkenden Autos durch die Straßenschluchten, und seitdem kann man in der Nähe keiner Metropole mehr einen Waldspaziergang machen, ohne von keuchenden, verschwitzten Gestalten erschreckt zu werden.

In den Großstädten ist es schlimmer als auf dem Lande, weil in den Großstädten mehr Karrieristen leben. Denn unter denen hat sich herumgesprochen, dass dünne Leute bessere Chancen im Beruf haben als dicke. Als Dicker kann man zwar Sachbearbeiter beim Finanzamt sein, aber seit deutsche Oberbürgermeister an Marathon-

Läufen teilnehmen, noch nicht einmal mehr im Rathaus in die Top-Etagen aufsteigen, während man in der Wirtschaft schon auf den unteren Rängen Probleme hat, wenn man nicht stromlinienförmig daherkommt – und in den Olymp der Vorstandsetagen steigt man übergewichtig kaum jemals auf, als Mann schon gar nicht.

Als Frau schon eher. Denn wer sowieso Exot ist – und welche Frau wäre das auf deutschen Vorstandsetagen nicht –, kann auch in diesem Punkt ein Original sein. Schöne Frauen mit Modelfigur stehen ja ohnehin im Generalverdacht, dann aber doch wenigstens blöd zu sein, weil alle Gaben Gottes zusammen in einem Menschen vom Geschlecht der Zweit-Erschaffenen doch als eher unwahrscheinlich gelten.

Wenn also Menschen sich mit sogenannten Fitness-Übungen kasteien und viel Geld für Urlaube ausgeben, in denen sie nichts zu essen bekommen, dann steckt sehr häufig nicht nur Eitelkeit, sondern wirtschaftliches Kalkül dahinter: Schlanke Manager für schlanke Strukturen. Kein Unternehmen, das in diesen Zeiten nicht auf Magerkeit auf allen Ebenen setzte. Manche bezeichnen es sogar auf Englisch: Lean Management, bitte!

Wie das so ist, wenn eine Sache einmal zur fixen Idee verkommen ist, gibt es auch dann kein Halten mehr, wenn die wirtschaftliche Notwendigkeit längst entfallen ist. Und so kommt es, dass man in unseren Wäldern zunehmend keuchenden Gestalten begegnet, die nicht nur schwitzen, sondern kahlköpfig und arthritisch sind. Das sind die alten Männer, die immer noch laufen, als ginge es um die Karriere.

Dabei sollte sich eigentlich herumgesprochen haben, dass in Deutschland einer mit 60 sowieso nicht mehr befördert wird. Ja, schon mit 50 gehört man zum alten Eisen, und das in einer Zeit, in der die Männer eine Lebenserwartung von 83 und Frauen gar von 87 Jahren haben und in der man jeden Tag und in jeder Lokalzeitung die Hundertjährigen verzeichnet findet, denen aber kein Oberbürgermeister mehr gratuliert; denn selbst die schnellen, marathongestählten hätten viel zu tun, wenn sie bei all den vielen hundertsten Geburtstagen auflaufen wollten.

Frauen sind da etwas klüger. Sie wissen: Wenn du um die 50 bist und das Theater mit den monatlichen Unpässlichkeiten allmählich hinter dir hast, wenn deine Hormone sich in Richtung »Männer, es reicht« arrangieren, dann hast du für die fernere Zukunft nur die Wahl zwischen Kuh und Ziege. Die eine trägt Größe 44 bis 46, sieht im Gesicht aus wie ein Apfel und an den Schenkeln wie eine Apfelsine, und die andere trägt Größe 36 bis 38 und sieht überall aus wie Knochen mit Überzug.

Und bis auf einige, die das Alter buchstäblich bis aufs Messer bekämpfen und ihren Körper so auf Jugend trimmen lassen, dass sie weder Kuh noch Ziege sein müssen, optieren Frauen dann häufig weise für Kuh. Denn die Kuh hat eindeutig die fettere Weide, und sie neigt nicht so zum Meckern wie die magere Ziege; schließlich nervt Meckern. Darum gibt es in deutschen Unternehmen nicht anders als auf deutschen Weiden mehr Kühe als Ziegen. Und es ist nicht erkennbar, dass die Kühe schlechtere Karriere machten als die Ziegen. Denn wie gesagt: Ab 50 macht man gar keine Karriere mehr, als Frau schon gar nicht.

Mercedes

Oder: Die Liebe zum Automobil

Die Italiener haben das Auto zwar nicht erfunden, aber eines haben sie von Anfang an gewusst: Es ist weiblich. »Una bella macchina!« schwärmen sie, Betonung von »macchina« auf der ersten Silbe. Das deutsche Wort vom doch sehr brutal klingenden »Kraftwagen« war dieser Erkenntnis wohl im Wege, als Carl Friedrich Benz, Begründer der Benz & Cie. Gasmotorenfabrik in Mannheim, ein erstes dreirädriges Gefährt mit Verbrennungsmotor und elektrischer Zündung entwickelte und gleich nach dessen Vorführung im Jahre 1886 zahlreiche in- und ausländische Patente bekam.

Gottlieb Daimler, Jahrgang 1834, wie der zehn Jahre nach ihm geborene Benz Ingenieur und mit großem Pioniergeist gesegnet, war ungewollt etwas näher dran am weiblichen Wesen, als er, ebenfalls 1886, eine »Motorkutsche« vorstellte. Eingebaut hatte er einen 1,1 PS-Motor mit 700 Umdrehungen pro Minute, der der Kutsche zu einer Höchstgeschwindigkeit von 16 Stundenkilometern verhalf.

1890 gründete Daimler in Stuttgart die Daimler-Motorengesellschaft. Aber es war nicht etwa so, dass Deutschland die Benzinautos freudig erregt begrüßt hätte. Schon wenige Jahre später stand die Gesellschaft vor dem finanziellen Ruin. Emil Jellinek, Honorarkonsul mit Sitz in Nizza, machte dafür unter anderem den unglücklichen Markennamen Daimler verantwortlich, mit dem man im Ausland nicht viel anzufangen wusste, und schlug vor, ihn gegen den wohlklingenden Namen seiner eigenen Tochter Mercedes einzutauschen, um so vor allem den Absatz in Frankreich anzukurbeln.

Dazu muss man wissen, dass die ersten Autos nicht in Deutschland gefertigt wurden, sondern – typisch teutonisch-rückständig schon damals – gegen Lizenzgebühren im technisch aufgeschlosseneren Nachbarland: Daimler-Autos wurden bei Armand Peugeot gebaut! Erst 1901, Jahre nach der Erfindung der Benzinautos, war mit dem alten Jahrhundert endlich auch in einigen deutschen Kreisen die Reserve gegenüber den neuen Verkehrsmitteln gewichen, und der erste Wagen des Unternehmens bekam einen über alle Maßen weiblichen Namen: Mercedes. Es sollte die Marke werden, die wie keine andere bis in unsere Zeit das herausragende Image von »Made in Germany« prägen würde.

So stark ist die weibliche Marke Mercedes, dass sie alle Widrigkeiten und selbst die größten Unfähigkeiten eines nicht immer glücklich agierenden männlichen Managements über inzwischen mehr als ein Jahrhundert hinweg weitestgehend unbeschadet überlebt hat.

1926 fusionierten die Unternehmen der beiden genialen Erfinder Daimler und Benz zur Daimler-Benz AG. Wenig geschichtsbewusste Nachfolger haben es dann später geschafft, den Namen »Benz« zugunsten von »Chrysler« aus dem Firmennamen zu streichen, um dann die beiden selbst den Tätern inkompatibel erscheinenden Bestandteile zu DaimlerChrysler – ganz ohne Abstand, Komma, Strich – zusammenzuzwingen. Nun ja, das konnte nicht lange gut gehen und tat es auch nicht. Chrysler verschwand nach Anhäufung riesiger Verluste wieder aus dem Unternehmen wie aus seinem Namen.

Der geschichtsträchtige Begriff »Benz« jedoch, verlorengegangen unter einem Manager, der den Konzern auch sonst einigermaßen angeschremppt hat, ist aus dem Firmennamen wohl für immer verschwunden. Zumindest in den Automobilen selbst aber lebt er als Zusatz zu »Mercedes« weiter – eine Gunst, die weder Mannesmann noch Hoechst widerfahren ist. Denn auf den Glanz gewachsener Namen nehmen Manager männlichen Schlages im Lande der Dichter und Denker neuerdings keine Rücksicht mehr.

Schön, dass die Ikonen unter den Autos des Daimler-Konzerns bis heute »Mercedes-Benz« heißen, und noch schöner, dass die Leute wie seit Jahrzehnten nur kurz und hochachtungsvoll »Mercedes« sagen, wenngleich immer schon mit dem falschen Artikel: Sie fahren »ei*nen* Mercedes«.

So ist das eben mit den Benutzern einer Sprache, die auch nie begreifen wird, warum »das« Schiff im Englischen weiblich ist. Nur wenn sie eine Kreuzfahrt machen und der Chor der Matrosen fordert sie auf, bei »What shall we do with the drunken sailor« mitzusingen, dann lachen sie immer ein wenig, wenn sie beim Refrain ankommen: »Hooray, and up she rises, hooray, and up she rises early in the morning.«

Fensterkreuze

Oder: Die Symbole der Macht

Es war Sabines erster Arbeitstag in ihrer neuen Firma. Sie trat die Nachfolge eines altgedienten Abteilungsleiters an, der sie noch einarbeiten sollte, bevor er in den Ruhestand ging. Sabine hatte zuvor einen Strandurlaub gemacht, um erholt und gut aussehend den neuen Job anzutreten, und hatte sich manches Mal in ihrem Liegestuhl überlegt, welche Bilder sie denn wohl in ihrem neuen Büro aufhängen würde. Wenn das überhaupt so ohne weiteres erlaubt wäre. Denn das Unternehmen legte erkennbar Wert auf das, was man heute Corporate Design nennt, und da durfte nicht einfach jeder seine ästhetischen Vorlieben ausleben und womöglich Blumentöpfe auf die Fensterbank stellen. Aber sie hatte die Vorgespräche nicht mit solchem vermeintlichen Kleinkram belasten wollen, und schließlich war sie ja nicht irgendwer, sondern Abteilungsleiterin, und da würde man ihr schon einen gewissen Spielraum gewähren.

Sie war sogar so weit gegangen, in einer Galerie ihres Urlaubsortes ein schönes, großes Bild zu kaufen, das nach Form, Farbe und heiterer Stimmung ganz wunderbar über den Besprechungstisch passen würde, und konnte sich, da sie ein spontaner Typ war, gerade noch beherrschen, die Errungenschaft gleich am ersten Tag mitzubringen. Es hätte ja ohnehin nicht in ihr Auto gepasst. Und außerdem: Wenn sie es genau überlegte: Über ihr Büro hatten sie eigentlich nicht gesprochen. Aber das war ja wohl keine Frage, wenn der Vorgänger ging und sie kam …

Trotz aller guten Erholung beschlich Sabine auf dem Weg von der Tiefgarage ins Büro auf einmal ein ungutes Gefühl, das sie aber, positiver Mensch, der sie war, schnell beiseitefegte. Schuld war wahrscheinlich nur der Umstand, dass sie sich wegen des zwar bestellten, aber noch nicht eingetroffenen Dienstwagens nun bald von ihrem kleinen Liebling, einem Mini-Cabrio, verabschieden musste. Den fand sie in seinem »English Racing Green« und mit seinen weißen Rallye-Streifen zwar »zum Knuddeln«; aber es wäre natürlich absolut blöd gewesen, auf einen Dienstwagen zu verzichten, der einem in der Position zustand, und einen zweiten Wagen wollte sie sich im Moment nicht leisten, auch keinen Mini – ganz abgesehen davon, dass sie auch in ihrer häuslichen Tiefgarage nur einen einzigen Stellplatz hatte.

So wenig komfortabel wie die ihr von ihrem neuen Arbeitgeber zugewiesene Parkbucht Nr. 137 war der Stellplatz zu Hause allerdings nicht. Die Bucht lag ganz am Ende der Ebene T3, und als Sabine vor dem Fahrstuhleingang noch einmal kontrollieren wollte, ob sie das Auto tatsächlich abgeschlossen hatte, war das nicht möglich. Selbst von einem möglicherweise blinkenden Mini war nicht das Geringste zu sehen; er war total hinter einer benachbarten E-Klasse mit der Angeber-Nummer K-UK 111 verschwunden. Wem das blöde Ding wohl gehörte?

Doch Sabine war ja ein positiver Mensch, ging noch einmal zurück und sagte sich dabei: Nun denn, dann sieht wenigstens nicht jeder sofort, wenn ich mich morgens verspäte. Das hatte sie zwar nicht vor; aber sie hatte ein Stück kritischer Autobahn auf ihrer Strecke, und man wusste ja nie.

Oben, auf ihrer Büro-Etage, wurde sie freundlich und mit netten Komplimenten zu ihrem Aussehen von ihrem Vorgänger begrüßt. Sie saßen an dem Besprechungstisch, der nun bald ihrer sein würde. Die Sekretärin – mit ihr würde sie leben können – hatte ihn schon mit Kaffee und Gebäck eingedeckt. Nach ein wenig Smalltalk über ihren Urlaub, der Sabine ihren schon früher gewonnenen Eindruck von einem sehr sympathischen Gesprächspartner bestätigte, wollte Sabine gerade anheben, das Thema Büroschmuck im Allgemeinen und ihr schönes neues Bild im Besonderen anzusprechen, als der Vorgänger sagte: »Ich zeige Ihnen jetzt mal Ihr Büro.«

»Wieso?«, sagte Sabine, und der Vorgänger schaute sie erstaunt und zum ersten Mal mit einem Anflug von kritischer Distanz an.

»Ja, was dachten Sie denn? Dass Sie sofort hier einziehen, während ich noch im Hause bin?«

»Nein, nein«, beeilte sich Sabine zu sagen, »selbstverständlich erst, wenn Sie mich eingearbeitet haben und das Unternehmen verlassen.«

Der mitleidvolle Blick der Sekretärin, die in diesem Augenblick zur Tür hereinkam, um ein eiliges Fax zu überreichen, sagte ihr mehr als Worte, dass sie auch mit dieser Einschätzung falschlag. Das Büro hatte drei Fensterkreuze und es stand nach den ungeschriebenen Gesetzen dieses Unternehmens nur einem zu, der dem Hause seit mindestens zwanzig Jahren angehörte, einem, der sich hochgedient hatte, einem, der die Ochsentour absolviert hatte, und bestimmt keinem Anfänger, und mochte der hundertmal die Funktion eines Abteilungsleiters übernehmen, und erst recht keiner Anfängerin. Im ganzen Hause, und nicht nur hier, sondern auch in den Filialen des Unternehmens, gab es keine einzige Frau, die ein Büro mit drei Fensterkreuzen ihr Eigen genannt hätte. Und dieses Büro sollte im Rahmen einer Umstrukturierung des gesamten Unternehmensbereiches nach Umbau und Renovierung ohnehin der Leiter einer anderen Abteilung übernehmen.

An dem Büro, das für Sabine vorgesehen war, störte sie weniger die kürzere Fensterfront und die damit verbundene geringere Fläche (denn die Büros waren wie Waben um einen großen Flur herum angeordnet und alle gleich tief), sondern vielmehr die Tatsache, dass es zur Nordseite gelegen war. »Da habe ich ja gar keine Sonne«, sagte sie. Und das ihr, der passionierten Cabrio-Fahrerin! Und das jetzt, wo sie vermutlich schon in wenigen Tagen eine geschlossene Kiste als Auto bekäme, weil Cabrios als Dienstwagen tabu waren!

»Aber wer bekommt denn Ihr Büro?«, wollte Sabine wissen, als sie sich von ihrer Enttäuschung einigermaßen erholt hatte. »Der Leiter Beteiligungen, Udo Kolle. Ich mache Sie gern einmal bekannt«, sagte der Vorgänger, froh, dass diese junge Frau sich anschickte, die unumstößlichen, seit Jahrzehnten geltenden Regeln des Unternehmens zu akzeptieren. »Udo Kolle?«, sagte Sabine, »kann das sein: K-UK?«

»Na ja«, sagte der Ältere halb entschuldigend, »er hat halt ein bisschen was Majestätisches: großer Mann, stattliche Erscheinung, wissen Sie – und«, fügte er nach einer Weile hinzu, »sehr bedacht auf Statussymbole.« »Danke für die Lektion«, sagte Sabine und fing an, sich in ihrem Büro einzurichten.

Sie sollte es nicht lange bewohnen. Schon vor Ablauf eines Jahres bekam sie ein verlockendes Angebot von der Konkurrenz und wechselte das Unternehmen.

Zur Verhandlung mit dem potenziellen Arbeitgeber kam sie mit Bahn und Taxi. Ihren Dienstwagen, einen Mercedes-Kombi, ausgewählt nach dem Prinzip »Wenn schon kein Cabrio, dann wenigstens praktisch«, ließ sie in der Garage. Man musste ja seine Fehler nicht spazieren führen. Nicht dass das in der Sache ein schlechtes Auto gewesen wäre; aber sie wollte nie mehr mit einem praktischen Auto neben der eleganten Limousine eines Kollegen der gleichen Hierarchiestufe stehen.

Und zwei Fragen wollte sie, neben allen anderen, im Gespräch auf keinen Fall vergessen: Welches Büro, wie groß, wie ausgestattet? Und welches Auto, welcher Stellplatz? Bei dem Auto aber würde sie alles nehmen, was gut und teuer und erlaubt war – egal ob sie es brauchte oder nicht. Ihr Status brauchte es. Und den – das wusste Sabine inzwischen – konnte man in Männergesellschaften nur sofort etablieren oder gar nicht.

Mütter

Oder: Die hilflose Managerin

Es gibt Managerinnen, die können ganz cool sein, fast so cool wie die Männer: Pokerface bei Verhandlungen, gnadenlose Sanierung, wo es nottut, knallharte Konditionen für Lieferanten, einstweilige Verfügungen gegen Konkurrenten, Konsequenz im Umgang mit missliebigen Mitarbeitern: erste Abmahnung, zweite Abmahnung, Entlassung und, wenn es sein muss, Arbeitsgerichtsprozess. Und dann kommen sie nach Hause nach einem harten Arbeitstag, und Mutter ruft an.

Mutter ist Witwe; fast alle Mütter sind irgendwann Witwe. Und Mutter hat ein Problem, irgendetwas ganz Kleines, nichts Tragisches und keinesfalls Lebensbedrohendes: Der Akku von ihrem Telefon entleert sich immer so schnell, ihr Fernsehbild ist so verschwommen, sie hat einen Brief von der Versicherung bekommen, sie ist mit einer Arztrechnung nicht einverstanden, der Verwalter war frech, die Hilfe hat einen Pulli zu heiß gewaschen. Und so weiter, und so fort.

O. k. o. k, sagt die Tochter, sobald ich kann, kümmere ich mich drum. Aber »sobald ich kann« ist Mutter zu spät. Es muss sofort etwas passieren, auf der Stelle.

Die Managerin schaut ihren Schreibtisch an: die noch nicht geöffnete private Post, die noch nicht gelesenen Zeitungen und Fachzeitschriften, die Taschen mit den Akten, die sie noch vor der morgigen Sitzung durcharbeiten möchte, und derweil führt das E-Mail-Symbol auf dem kleinen Laptop schon wieder seinen Veitstanz auf.

Wenn sie nicht ganz gescheit ist, und das trifft auf die klügsten Frauen zu, setzt sie sich ins Auto und fährt noch am selben Abend hinaus zur Mutter. Denn Mütter sind die letzte noch zu nehmende Bastion der Emanzipation.

Es gibt Frauen, die ihr ganzes eigenes Leben im Dienste ihrer alten Mütter ruinieren: Sie riskieren Ehescheidungen, weil ihre Männer für die Marotten der Mütter kein Verständnis haben (Brüder übrigens auch nicht), oder sie bleiben gleich Junggesellin, weil kein Partner der Welt mit einer Schwiegermutter verheiratet sein möchte.

Nicht selten wenden hoch dotierte Frauen mit entsprechend gering bemessener Freizeit stolze Summen auf, um Mutter das zu bieten, was sie für ein schönes und angenehmes Leben halten: mit Putzfrau, Friseurbesuchen, einem Platz in einer gepflegten Seniorenresidenz, mit der Ausrichtung kostspieliger runder Geburtstage.

Aber das will Mutter gar nicht; sie will das, was die Tochter am wenigsten hat und deshalb am kostbarsten ist: Sie will Zeit. Insofern ist es kein Zufall, dass ausgerechnet die Mütter von Managerinnen so sind, denn von irgendwem müssen die erfolgreichen Frauen die Grundregeln der Wirtschaft ja gelernt haben. Was rar ist, ist teuer – das haben sie wahrscheinlich mit der Milch genau dieser Mutter eingesogen. Und dafür, und überhaupt für die ganze Erziehung, sind sie dankbar – zu Recht, denn sonst wären sie ja nicht so weit oben angekommen.

Aber weil das so ist, kommen sie ihr ganzes Leben nicht aus ihrer Kinderrolle heraus. Niemand, selbst der ärgste Feind im Beruf, kann sie so wütend machen, so aus der Fassung bringen wie eine Mutter, die über ihre Zeit und damit über ihr Leben bestimmen will.

Fanny
Oder: Der Vortritt

»Daß man übrigens seine elende Weibsnatur jeden Tag, auf jedem Schritt seines Lebens von den Herren der Schöpfung vorgerückt bekommt, ist ein Punkt, der einen in Wut und somit um die Weiblichkeit bringen könnte, wenn nicht dadurch das Übel ärger würde.«

Dies sind die Worte einer Vierundzwanzigjährigen, die lange tot ist, aber an die einige jüngst noch einmal erinnerten, weil sie 2005, würde ein Mensch so lange leben, ihren 200. Geburtstag gefeiert hätte. Die Frau, von der hier die Rede ist, war eine der herausragenden Komponistinnen des 19. Jahrhunderts, ein musikalisches Genie, nicht weniger begabt als ihr berühmter Bruder, dessen Vorname ebenfalls mit einem F beginnt, der aber ein »felix«, ein Glücklicher, war, weil er beim Verlosen der Geschlechterchromosomen die für die Berühmtheit richtige Karte gezogen hatte. Wir sprechen von Fanny Hensel, der ältesten Schwester von Felix Mendelssohn-Bartholdy.

Ihr Vater, ein Bankier, hatte Fanny, unverkennbar ein musikalisches Wunderkind, aufs Feinste ausbilden lassen, sie aber stets, und noch als erwachsene Frau, wissen lassen, sie möge dem Bruder Felix »den Vortritt lassen«. Dass sie dennoch ihren »eigenen, unverwechselbaren Ton« fand, wie Christiane Tewinkel in einer Würdigung der Komponistin in der ›FAZ‹ schrieb, ist unter solchen Umständen fast schon ein Wunder.

Die Bankierstochter Fanny hatte alles, was man zu einer steilen Komponistenkarriere gebraucht hätte, nur nicht das richtige Geschlecht. Als Frau und Kind ihrer Zeit tut sie, bei aller Wut im Bauch, was die Gesellschaft von ihr erwartet: Sie heiratet und versucht sich als Gattin des Malers Wilhelm Hensel in der Rolle »Hausfrau und Mutter«. Die Sonntagsmusiken, die sie in Berlin veranstaltet, sind gleichwohl legendär, und als Mittdreißigerin reist sie, nicht gerade typisch für Frauen um 1839, mit ihrer Familie für ein Jahr nach Italien, zu einer Künstlerkommune.

Zum Glück ermuntern große Verleger Fanny Hensel, einige ihrer Kompositionen zu veröffentlichen und sie so der Nachwelt zu erhalten. Heute, gut zweihundert Jahre nach ihrer Geburt, wird manchen Menschen klar, was für ein Schatz das ist und um wie viele musikalische Preziosen unsere Musikliteratur reicher sein könnte, wenn Fanny nicht dauernd ihrem Bruder den Vortritt hätte lassen müssen.

Nur einmal hat sie es nicht getan: Während einer Probe im Jahre 1847 erleidet sie einen Schlaganfall und stirbt, erst 41 Jahre alt. Bruder Felix hat ausnahmsweise nicht den Vortritt: Er stirbt wenige Monate *nach* ihr.

Bekannter als die Geschichte von Fanny Hensel ist die einer anderen bedeutenden Komponistin des 19. Jahrhunderts: Clara Schumann, geb. Wieck, die völlig zu Unrecht lange Zeit nur als Ehefrau von Robert Schumann gesehen wurde.

Claras Vater, der Klavierpädagoge Friedrich Wieck, von dem die hochbegabte junge Frau ausgebildet wurde und bei dem auch Robert Schumann Unterricht nahm, muss ein früher Freund der Emanzipation gewesen sein: Er war gegen die Ehe mit Schumann, weil er wusste, dass dies das Ende von Claras musikalischer Karriere wäre.

Er sollte recht behalten: Während Schumann allein im Jahr seiner Hochzeit mit Clara Wieck 126 Lieder schreibt, hat Clara, das Supertalent, fortan nur noch ganze 23 Kompositionen veröffentlicht.

Die Frau, die bereits als dreizehnjährige Klaviervirtuosin bewundert worden war, unternimmt nur noch wenige Konzertreisen, auf denen sie ausschließlich Werke ihres Mannes interpretiert und auf diese Weise bekannt macht. Acht Kinder bringt Clara Schumann in dreizehn Ehejahren zur Welt und setzt alles daran, ihren Mann zu »promoten«, wie man heute sagen würde. Als der stirbt, hört sie ganz auf zu komponieren und unterrichtet noch vier Jahre lang an einem Konservatorium in Frankfurt, bevor auch sie stirbt.

Franz Liszt, der Zeitgenosse, würde diese Geschichte aus dem ›Märchenbuch für Managerinnen‹ mit Unverständnis lesen, schwärmte er doch von der Schumann'schen Verbindung in den allerhöchsten Tönen als der »des erfindenden Mannes und seiner ausführenden Gattin«.

Die Geschichte muss aber, ebenso wie die von Fanny Hensel, erzählt werden, weil sie zeigt, wie unverantwortlich gegenüber den Frauen selbst, aber auch gegenüber der Gesellschaft und ihrem kulturellen Erbe, die Verschwendung weiblicher Talente ist.

Talent aber hat viele Gesichter. Genies gibt es nicht nur in der Kunst, sondern zum Beispiel auch in der Wirtschaft. Warum solche Genies, wenn sie weiblich sind, zum Schaden aller von wirklichen Spitzenpositionen ferngehalten werden, ist nicht nachvollziehbar. Aber so ist es zumindest hierzulande auch im 21. Jahrhundert noch. It's Fanny, it's funny, it's Deutschland.

Frauenfüße

Oder: Die Behinderung

Es war eines der berühmten »Streiflichter« der ›Süddeutschen Zeitung‹, das in ebenso erheiternder wie verdienstvoller Weise einen Umstand beleuchtete, der keiner modebewussten Frau egal sein kann: »Stöckelschuhe«, so die Zeitung, »machen Frauen verrückt.« Verwiesen wurde auf einen Professor aus Malmö, der sich für die das Kleinhirn stimulierenden »Mechano-Rezeptoren« in den Waden der Frauen interessiert haben soll und die folgende Kette von Ursache und Folgen erforscht haben will: »Einengung der Wadenmuskulatur, ... Kleinhirnverkleinerung, akuter Dopaminmangel« und am Ende eben die Verrücktheit.

Ob der Professor nun echt war oder erfunden – denn bei einer Glosse kann man ja nie wissen –, es ist allemal des Nachdenkens wert, wie sehr Frauenfüße in den diversen historischen wie modernen Gesellschaften benutzt werden, die Hälfte der Menschheit an einem gesunden Stand und damit womöglich auch an einem gesunden Standpunkt oder gar an einem gesunden Menschen*ver*stand zu hindern.

Zwischen den durch grausames Einschnüren verkrüppelten Füßchen chinesischer Frauen und den durch Stöckeln verformten Ballen und zu Krallen deformierten Zehen moderner Europäerinnen gibt es eine bemerkenswerte Verbindung: das blöde Weib, das sich zum Vergnügen der Männer verstümmeln lässt und sogar noch Lustgewinn daraus bezieht, selbst an dieser Verstümmelung mitzuwirken. Es muss wohl doch so sein, wie in dem zitierten Streiflicht behauptet wird: »Sie stolpert mit gequetschtem Kleinhirn ins nächste Schuhgeschäft und lässt sich vom grinsenden Verkäufer was Hochhackiges andrehen.«

Vaterlos

Oder: Die schlimmen Gesellen

Franz Josef Wagner ist Journalist und nicht unumstritten. Er schreibt oft Sachen, die verdächtig nach Edel-Macho klingen; dann wiederum liefert er Beobachtungen ab, die ihn glatt für einen Ergänzungsband zur guten Frauenliteratur qualifizieren würden. Eine solche Beobachtung verdanken wir einer seiner Kolumnen aus der ›Welt am Sonntag‹, die »Das letzte Tabu: Männer ohne Väter« behandelte. Hier die Trouvaille:

»Oskar Lafontaine ist der Sohn des Bäckers Hans Lafontaine aus Saarlouis und seiner Frau Katharina. Oskar hat die Backkunst seines Vaters nicht kennengelernt, weil dieser im Zweiten Weltkrieg fiel. Das Leben von Gerhard Schröder und Oskar beginnt gleich; auch Gerhard verlor seinen Vater, einen Hilfsarbeiter, im Krieg. Als Kind bekamen Gerhard und Oskar keine Antwort auf die Frage, woher sie kommen. Heute sind sie beide angekommen. Erwachsen, weiß Gott. Sechzigjährige, alte Männer. Sieht man jedoch durch den Nebel aus grauen Haaren (Gerhard, Sie nicht!), Falten und Körperfett, ist der Vaterlose zu erkennen. Jungs, die ohne Vater aufwachsen, fehlt das Servile, sie sind nicht hierarchisch konditioniert. Sie kennen kein Oben. Sie sind, wie sie sind. In der Neurowissenschaft, Abteilung Hirnphysiologie, spricht man vom Anti-Obrigkeits-Gen. Das sind Kinder ohne Gefühl für Ehrfurcht, Macht und Autorität. Es sind tolle Kinder. Die meisten Helden in der Kulturgeschichte der Menschheit kannten ihre Väter nicht. Moses, Parzival, Siegfried. Das geht bis zu Willy Brandt. Der vaterlose Junge ist ein Kaliber für sich. Er heiratet öfter (Gerhard fünfmal, Oskar dreimal), weil er sich nach romantischer Harmonie sehnt. Und er trennt sich öfter. Ein vaterloser Junge ist immer auf der Suche nach seinem Vater. Ein vaterloser Junge muss ganz früh ein Baum werden, ein Fels. Mal ist es Deutschland, mal Doris, ein anderes Mal Christa. Ich denke, wir haben inzwischen genug von den vaterlosen Kerlen. Wir sollten so schnell wie möglich eine Frau wählen. Männer sind zu kompliziert. Und am kompliziertesten ist der Mann ohne Vater. Frauen sind einfach. Frauen wollen kein Fels sein.«

Der Beitrag ist im Juni 2005 erschienen. Aber es wäre wohl zu viel der Ehre für Franz Josef Wagner und die ›Welt am Sonntag‹, ihm die spätere Wahl von Angela Merkel zur Bundeskanzlerin zuzuschreiben. Auszuschließen, dass bei manchen Wählern auch solche Erwägungen eine Rolle gespielt haben, ist es aber nicht.

Publicity

Oder: Die Wildsau

Alle Journalisten, zumindest alle Tageszeitungsjournalisten, kennen den Spruch: Morgen läuft eine andere Sau durchs Dorf. Will sagen: Alle Geschichten, selbst Skandale, haben nur eine geringe Haltbarkeit. Der Spruch dient zugleich als Entschuldigung für Dinge, die schiefgelaufen sind. Schlampige Recherche? Fehler in der Bildunterschrift? Morgen läuft eine andere Sau durchs Dorf! Das ist die Sicht der Blattmacher. Die Sicht derer, die in den Geschichten vorkommen, ist eine andere. Es kann schon eine Weile Stadtgespräch sein, wenn einem auf einem Foto zum Beispiel der falsche Partner zugeordnet wird. Aber das ist noch harmlos gegen die folgende Geschichte, die in dieser Form nur einer Frau passieren konnte.

Es war in einer Kleinstadt, wo sich die noch junge Frau um einen Job als Dezernentin beworben hatte. »Beigeordnete« nannten sie das in der Ausschreibung. Es ging um das Kulturdezernat. Eigentlich hatte die Frau, Anke mit Namen, keine große Lust auf einen Job im Rathaus; aber sie musste ja sehen, wo sie blieb, nachdem ihr Mann nun mal in diesem Kaff gelandet war und die mittlerweile zwei kleinen Kinder es ihr nicht mehr erlaubten, weite Wege ins Büro in Kauf zu nehmen.

Verwaltungserfahrung hatte sie keine; in der Kultur jedoch machte ihr niemand etwas vor: Sie hatte Germanistik und Kunstgeschichte studiert, war Geschäftsführerin einer Bühne gewesen, spielte selbst in einem Orchester und sang in einem Chor, hatte ein Kinderkulturfestival und einen regionalen Literaturwettbewerb ins Leben gerufen. Neben ihrem Job als Bühnenchefin hatte sie, damals noch kinderlos, wegen der rückläufigen öffentlichen Mittel und des wachsenden Finanzdrucks ein Abendstudium zur Diplomkauffrau absolviert. Eigentlich war sie die ideale Besetzung für die ausgeschriebene Position, fast schon überqualifiziert.

Was Anke allerdings nicht hatte, war Erfahrung mit der Politik. Und so musste sie lernen, dass die Stelle eigentlich nur pro forma ausgeschrieben worden war und die am Ort herrschende Partei längst einen Genossen ausgeguckt hatte, der mit dem Job versorgt werden sollte. Die Bewerbung einer so qualifizierten Person wie Anke war höchst unerwünscht.

Die Art und Weise, wie Anke das klar wurde, gehört nicht zu den schönsten Erfahrungen ihres Lebens. Die Parteigenossen des Ausersehenen setzten nämlich alles daran, sie öffentlich abzuqualifizieren, und bezeichneten sie in ihren Stammtischgesprächen deshalb als »junges, unerfahrenes Ding«. In Stellungnahmen und Leserbriefen in der Lokalpresse, die das ganze Für und Wider der beiden Bewerber bis hin zu vergleichenden Details der Lebensläufe ausbreiteten, kam dieser Begriff zwar nicht vor, wohl aber die Tendenz.

Nun hatte Anke nichts zu verbergen; aber wie sie so binnen kürzester Zeit von einer unbekannten Neubürgerin der Kleinstadt zu einer stadtbekannten Figur, dem berühmten »bunten Hund«, mutierte, wollte ihr doch nicht behagen. Sie hatte ja nichts weiter gemacht, als sich um eine – wie ihr schien – offene Stelle zu bewerben, und war nun zum Spielball von Partei-Interessen geworden. Denn es war Wahlkampf, und die Gegner der Genossen sahen den Fall als Gelegenheit an, der anderen Seite »Vetternwirtschaft« und »Frauenfeindlichkeit« nachzuweisen.

Bestätigung für diesen Verdacht fand Anke im Besuch einer einflussreichen Dame aus dem örtlichen Kulturausschuss, die mit einem Vorgesetzten ihres Mannes liiert war. Diese Informationsquelle versiegte jedoch, nachdem Ankes kleiner Sohn sich gegenüber dieser Frau so benommen hatte, wie es Anke mit geheimem Stolz erfüllte. Die Frau hatte dem Kleinen ein Buch zum Ausmalen mitgebracht, worauf der sich spontan und unüberhörbar bei seinen Eltern beschwerte mit den Worten: »Ich kann aber ganz allein malen.« Wie gesagt, eine bessere Wahl für den Job als diese junge Mutter konnte es eigentlich nicht geben.

Sie bekam den Job aber nicht. Angeblich fehlte ihr doch ganz entscheidend die Verwaltungserfahrung. Die hatte der zu Versorgende, auch wenn er sonst nicht viel hatte. Anke fühlte sich geradezu beleidigt von den »Kretins in diesem Kaff«. »Was für eine Auffassung von der Führung eines Kulturdezernats!«, schrieb Anke empört an die Lokalzeitung und mischte sich damit zum ersten Mal selbst mit einem Leserbrief in die öffentlich ausgetragene Diskussion ein.

Und weil sie so wütend war, gab sie den Brief unmittelbar und selbst dort ab. Der Lokalredakteur war ein erfahrener Mann. Er hätte die Frau gern als Kulturdezernentin gesehen. Aber er wusste auch, dass hier jede andere als die vorgesehene Bewerbung von vornherein aussichtslos gewesen war, und die einer jungen Frau erst recht.

Ganz umsonst war die Erfahrung für Anke aber nicht.

Sie lernte, dass es bei wichtigen Personalentscheidungen nicht immer nur auf Qualifikation ankommt, sondern sehr häufig auf pure Politik. Und sie bekam von dem netten Redakteur obendrein einen nützlichen Spruch fürs Leben mit. Der lautete: »Was juckt es die starke Eiche, wenn sich die Wildsau an ihr kratzt!«

Anke hat dann übrigens später das Vergnügen gehabt, den Herrn, der ihr damals vorgezogen worden war, noch einmal zu treffen – als Staatssekretär im Kultusministerium, dessen Leitung sie viele Jahre später übernahm. Denn sie hatte zwar keine Verwaltungs-, aber eine politische Karriere gemacht. Die am eigenen Leibe erlebte Vetternwirtschaft hatte sie animiert, in eine Partei einzutreten.

Der Spruch mit der Eiche aber hat ihr auf ihrem Weg nach oben sehr geholfen. »Frauen nehmen die Dinge oft zu persönlich«, pflegte sie zu sagen, wenn man sie nach ihrem Erfolgsrezept fragte, »und ich habe zum Glück durch eine frühe Enttäuschung gelernt, dass man das nicht darf.«

Der Nachfolger

Oder: Deutsche Sprache, deutsche Denke

Die Industrie- und Handelskammern wissen es schon lange und heben warnend den Finger: Viele der nach dem Zweiten Weltkrieg gegründeten deutschen Unternehmen sind reif, wenn nicht überreif, für die Nachfolge in der Firmenleitung; und wenn dies nicht gelingt, wenn die meist mittelständischen Unternehmen nicht durch kompetente Leute weitergeführt werden, kommt nicht zuletzt auf den Arbeitsmarkt in Deutschland in den nächsten Jahren ein Problem zu.

Es geht um mehrere hunderttausend Unternehmen, die in den nächsten Jahren für einen Generationswechsel anstehen, wie das Institut für Mittelstandsforschung (IfM) weiß, ein nennenswerter Teil von ihnen mittelständische Firmen, definiert als solche mit einem Jahresumsatz von bis zu 10 Millionen Euro. Hunderttausende von Arbeitsplätzen sind dort durch womöglich verunglückte Nachfolgeregelungen in Gefahr. Das Institut spricht von Tausenden verpatzter Übergaben jedes Jahr: Weil eine jüngere, geeignete Führung nicht gefunden wird, werden die Firmen geschlossen.

Verständlich, dass Vorgänge von einer solchen Bedeutung für den Arbeitsmarkt große Aufmerksamkeit in den Medien finden. In welcher Form das geschieht, ist allerdings in einem ›Märchenbuch für Managerinnen‹ dringend zu notieren.

So widmet eine der führenden deutschen Zeitungen dem Thema in der Rubrik »Management« fast eine ganze, große Seite. Die Illustration zum Thema lässt die Managerinnen unter den Lesern hingucken: An einem riesigen Konferenztisch für die Führungskräfte eines Unternehmens sitzt vorn links ein Manager, erkennbar nur an einem Jackettärmel mit herausragendem Hemd samt Manschettenknopf, der zu einer bemerkenswert weiblichen Geste ausholt: Er reicht den kleinen Finger seiner rechten Hand einem Baby, einem Baby in einem Kinderwagen!

Wes Geschlecht das Baby ist, kann man nicht erkennen, weil man nur das Händchen und ein Stück vom Jäckchen sieht und das Baby auch weder »bleu« noch »rosé« gekleidet ist. Man sieht nur, dass das Baby, Symbol für die neue Generation im Unternehmen, den dargereichten kleinen Finger des Chefs umfasst.

Liest man allerdings in den Text hinein, stellt man schnell fest, dass das Baby wohl nur hellblau gekleidet sein kann, in der Kennfarbe alles Männlichen, das noch auf die Mutter angewiesen ist. Denn da steht (Unterstreichungen von mir):

<u>Ein Unternehmer</u> *muss sich darüber im Klaren sein, dass* <u>*er*</u> *ohne eine geeignete Nachfolgestrategie … auch* <u>*seine*</u> *persönliche finanzielle Sicherheit riskiert. Aber nicht nur die Person* <u>*des Inhabers*</u> *ist betroffen … Probleme …, die weder* <u>*dem Ausscheidenden*</u> *noch* <u>*dem Nachfolger*</u> *bewusst sind … Dabei gilt es vor allem die Situation* <u>*des abgebenden Unternehmers*</u> *und die Situation* <u>*des potenziellen Nachfolgers*</u> *zu betrachten. So kann sich zum Beispiel* <u>*der Senior*</u> *in einem großen Dilemma befinden. Auf der einen Seite fühlt* <u>*er*</u> *sich … noch sehr jung, auf der anderen Seite weiß* <u>*er*</u>*, dass der Zeitpunkt näher rückt, an dem* <u>*er*</u> *»loslassen« muss.* <u>*Ihm*</u> *wird jedoch in solchen Momenten … die Endlichkeit* <u>*seines*</u> *eigenen Lebens bewusst.*

Alles klar, die Herren, sagt sich die lesende Managerin und reibt sich die Augen. Frauen kommen also für die Nachfolge nicht in Frage. Dabei weiß sie doch, dass Frauen früherer Generationen, die oft durch ein Schicksal als Unternehmerwitwe ins kalte Wasser geworfen worden sind, ihre Unternehmen blendend geführt haben und führen (ich nenne das gern das »Veuve-Clicquot-Syndrom«). Und sie weiß auch, dass viele Töchter von Unternehmern einen tollen Job machen (das »Jette-Joop-Syndrom«). Schließlich und endlich weiß sie, dass seit vielen Jahren jedes dritte Unternehmen in Deutschland von einer Frau gegründet wird und dass die von Frauen gegründeten Unternehmen oft sehr erfolgreich sind (das »Lizzy-Heinen-Syndrom«) und – nach den verfügbaren spärlichen Zahlen (denn das öffentliche Interesse an Informationen dieser Art hält sich in Grenzen) weniger von Insolvenzen betroffen sind als die von Männern etablierten. Das alles weiß sie und wird allmählich ärgerlich, wenn der Text weitergeht:

In jedem Fall muss der Ausscheidende dazu bereit sein, dem Nachfolger Platz zu machen … Im Gegenzuge muss der Nachfolger es verstehen, mit den Ratschlägen des Ausscheidenden umgehen zu können … Der Nachfolger muss sich darüber im Klaren sein, welche Verantwortung er übernimmt … bedarf es der eingehenden Betrachtung der persönlichen Situation des Unternehmers …

Doch dann, endlich, und ein einziges Mal in einem langen Text, findet sich ein Hinweis darauf, dass das Baby im Kinderwagen theoretisch auch ein rosa Jäckchen anhaben könnte:

Auch wird die Frage nach der als Nachfolger(in) geeigneten Person … großen Raum einnehmen.

Ha! Die Herren Verfasser sind rehabilitiert! Sie wollten die Frauen gar nicht diskriminieren; es war nur die Unfähigkeit, durchgehend geschlechtsneutrale Aussagen zu formulieren – was in der Tat selbst für die rare Spezies exzellenter Texter keine kleine Herausforderung darstellt. Ein Problem der deutschen Sprache also, nicht der deutschen Denke?

Mag sein. Aber die Sprache hilft, die Denke zu zementieren. Und darum sind wir gut beraten, uns Lösungen für das Problem einfallen zu lassen. In den Broschüren einer großen Versicherung, die meine Agentur commedia betreute, pflegten wir zum Beispiel ganz vorn und unübersehbar zu schreiben:

Wenn hier und im Folgenden von »dem Versicherten« die Rede ist, kommt darin keineswegs eine Geringschätzung weiblicher Versicherter zum Ausdruck, sondern nur unser Bemühen um Einfachheit und Kürze.

Wir hätten noch hinzufügen können: »und um Sparsamkeit in Ihrem eigenen Interesse«. Denn wir hatten ausgerechnet, dass das leidige Wiederholen von Begriffen in der weiblichen Variante in Broschüren, in denen das zwangsläufig sehr oft vorkommt, den Umfang und damit die Druckkosten nennenswert erhöht – was in diesem Fall die Gemeinschaft der Versicherten mit bezahlt hätte.

Zu Lösungen dieser Art kann man nur raten. Denn wer möchte schon Konstrukte wie »BürgerInnen«, die gesprochen ohnehin nicht funktionieren, oder Nervtöter wie »Sozialdemokratinnen und Sozialdemokraten«? Selbst der im Bundestag schon wegen seiner markanten Sprachästhetik schmerzlich vermisste Franz Müntefering kürzte das gnadenhalber regelmäßig zu »Sozialdemokraten und

Sozialdemokraten« ab. Die deutsche Sprache, die bis hin zum »Vaterland« den Mann worttechnisch zum Maß alles Menschlichen macht, prägt zwar leider unser aller Denke; aber die Lösung des Problems liegt nicht in ihrer Verhunzung.

Die Lösung kann nur in öffentlich wahrnehmbaren Vorbildern liegen, weiblichen Vorbildern. Dass wir nach einem reichlichen halben Jahrhundert Bundesrepublik tatsächlich erstmals eine Kanzlerin bekommen haben, hat dabei sicherlich geholfen. Denn das kann niemandem entgehen und lenkt die Aufmerksamkeit darauf, dass Frauen, wenn sie schon für die höchste Managementaufgabe im Staat taugen, möglicherweise auch eine gute, wenn nicht gar die bessere Wahl bei der Führung privatwirtschaftlicher Unternehmen und selbst großer Konzerne sind. Was uns noch fehlt in Deutschland, ist aber ein unübersehbares Paradigma weiblicher Führungsstärke und weiblichen Führungserfolgs auch in der Wirtschaft. Im Juni 2008 gibt es in den Vorständen der 30 stets im Rampenlicht stehenden deutschen DAX-Unternehmen eine einzige Vorstandsfrau: Bettina von Oesterreich bei Hypo Real Estate. Bei der Deutschen Bank hat es auch einmal eine gegeben; aber die ist längst tot.

Das Ehrenamt

Oder: Die Weiberfalle

Es war einmal eine Unternehmerin, die liebte ihre Stadt über alles. Warum, weiß keiner so genau zu sagen. Denn erstens war die Frau gar nicht dort geboren, und zweitens war diese Stadt auch nicht schöner als andere Städte, und manche Hochnasen in den Metropolen der Schickimickis hielten sie sogar für eine ziemlich trübe Stadt, in der man nur zur Strafe leben konnte. Mag sein, dass genau das unsere Frau anstachelte, es der Welt zu zeigen – ganz abgesehen davon, dass es ein Naturgesetz zu sein scheint: Die Zugereisten sind immer die Schlimmsten.

Es ergab sich aber in jener Zeit, dass auch andere Leute das Bedürfnis hatten, den Ruf ihrer Stadt aufzupolieren. Darum beschlossen sie zur Überraschung aller Welt, sich an einem internationalen »City Beauty Contest«, einer Art Schönheitswettbewerb für Städte, zu beteiligen, einem Wettbewerb, in dem es nicht nur um die äußere Schönheit ging, sondern auch um das Niveau der Kultur- und Freizeit- und dort besonders der gastronomischen Angebote. Dazu veranstalteten sie allen möglichen Zauber, damit die Medien möglichst über die Stadt berichteten. Das verschlang viel Geld.

Es gab nicht wenige Bewerberstädte im CBC, wie der Wettbewerb kurz genannt wurde, und sie alle mussten der Jury, bestehend aus den tollsten Ästheten und Gourmets aller Kontinente, eine Bewerbungsschrift vorlegen. Die sollte mit ihrer Gestaltung, aber auch mit der Schönheit ihrer Sprache überzeugen.

Mit der Gestaltung gab es kein Problem: Die Seiten sahen wunderbar aus; nur der Text riss die Organisatoren der Bewerbung nicht zu Begeisterungsstürmen hin. So etwas erlebte man in dem Land, in dem die ehrgeizige Stadt liegt, nicht selten, und das lag daran, dass sie zwar die Gestalter an ihren Hochschulen ausbildeten und ihnen ein Diplom verliehen, aber nicht die Schreiber. Denn sie waren der Ansicht, schreiben könne schließlich jeder, der der Rechtschreibung und Zeichensetzung kundig war. Das war leider ein Irrtum, wie sich jeden Tag an unverständlichen Gebrauchsanweisungen, absurden Gesetzestexten, langweiligen Reden und peinlichen Anzeigen in Zeitungen und Zeitschriften offenbarte.

Das Land wäre nicht eines gewesen, das schon viele große Dichter hervorgebracht hatte, wenn nicht unter seinen Bewohnern auch einige gewesen wären, die von Natur aus das Zeug zum Schreiben hatten. Keine noch so schlechte Ausbildung hätte sie verderben können; aber die Beschäftigung mit großen historischen Vorbildern und die ständige Übung machten sie immer besser. So ein Naturtalent war unsere Unternehmerin. Und das wussten manche.

Zu denjenigen, die das wussten, gehörte auch der Chef-Organisator der CBC-Bewerbung. Und deshalb saß er eines schönen Tages bei der Unternehmerin im Garten und bat sie, der Stadt zu helfen. Die Bewerbungsschrift müsse dringend überarbeitet werden. Die Gestaltung sei zwar o. k., aber der Text nicht. Allerdings, so fügte er gleich hinzu, sei kein Geld mehr da; das hätten sie alles schon ausgegeben.

Die Frau tat sich ein wenig schwer; schließlich hatte sie selbst eine Agentur und hätte gern die Bewerbung insgesamt betreut, auch die Grafik, denn ihre Grafiker waren, weiß Gott, nicht schlecht. Aber sie wollte, dass ihre Stadt gewinnt, und darum sagte sie zu.

Einen Feiertag und ein ganzes Wochenende arbeitete sie an der dicken Vorlage, gruppierte um, straffte, glättete, brachte Dynamik in die Überschriften und Einstiege fürs Auge in die Fließtexte – und gab sogar noch Hinweise für neue Inhalte, denn einige Aspekte schienen die Macher übersehen zu haben.

Eine Rechnung schrieb sie nicht, denn es war ja kein Geld mehr da. Aber sie ärgerte sich ein wenig, als alle Geldgeber zu einem großen Pressetermin eingeladen wurden und sie sich ausrechnete, dass ihr Beitrag, umgerechnet in Geld, doch gereicht hätte, ebenfalls da zu stehen.

Völlig zwiespältig waren ihre Gefühle, als die Macher für ihre Arbeit ausgezeichnet wurden und die Agentur, die die Grafik gemacht hatte, in allen Zeitungen gelobt wurde. Sie selbst und der Name ihrer Agentur standen nur klein und mit einem Dankeschön im Impressum der Bewerbungsschrift.

Da dachte unsere Unternehmerin zum ersten Mal in ihrem Leben über Ehrenämter nach – und darüber, wie Frauen immer gern bereit sind, ohne Geld mitzuspielen. Und ihr fiel ein, wie viele dumme Weiber immer in Bewerbungsgesprächen sagten: »Auf das Geld kommt es mir weniger an als auf die interessante Aufgabe«, um dann auch prompt weniger Geld zu bekommen. Kaum denkbar, dass so etwas einem Mann passieren würde.

Klassentreffen
Oder: Ignorantinnen

Es war einmal ein Mädcheninternat, schön gelegen in einer Fluss-Aue, das in dem Ruf stand, höheren Töchtern die beste nur mögliche Ausbildung zu geben. Das Haus wurde von Nonnen geleitet; aber der Geist dort war erstaunlich liberal, wenn man einmal davon absieht, dass Jungenbesuch nur sonntags zum Kaffee erlaubt war und um Punkt 18 Uhr beendet sein musste.

Die meisten Mädchen aus dem Internat stammten aus wohlhabenden Familien; aber es gab auch immer wieder welche, die ihre Anwesenheit einem Stipendium zu verdanken hatten. Da es Schuluniformen gab, machte sich der Unterschied zumindest in der Kleidung nicht bemerkbar.

Die Mädchen von »bescheidener« Herkunft fielen dennoch im Unterricht auf: Im Gegensatz zu ihren Altersgenossinnen, für die diese Schule selbstverständlich war, hatten sie ein Bewusstsein dafür, welche Chance ihnen mit dieser Ausbildung geboten wurde. Darum stellten sie tausend neugierige Fragen und waren ständig in Gefahr, als Streber zu gelten.

Kerstin war so eine. Ihr Vater, ein kleiner Angestellter, hätte das Internat niemals bezahlen können. Aber Kerstin hatte »einen guten Leumund«. So ging die Rede im Lehrerkollegium, und im Gegensatz zu den meisten ihrer Klassenkameradinnen hätte Kerstin zu sagen gewusst, was das ist: ein Leumund.

Kerstins Deutschlehrer hatte das Talent seiner Schülerin erkannt, und da seine Schwester auf dem berühmten Internat gewesen war und einem Ehemaligen-Club angehörte, hatte er einen Weg gefunden, das begabte Mädchen für ein Stipendium ins Gespräch zu bringen – mit Erfolg.

Für Julias Eltern war es keine Frage gewesen, dass ihre Tochter das beste Mädcheninternat besuchen würde; schon die Mutter und deren Schwestern waren dort gewesen. Kerstin kannte Julias Mutter. Aus Dankbarkeit für eine französische Hausarbeit, die Kerstin der zur Faulheit neigenden Tochter Julia geschrieben hatte, hatte Julias Mutter die Klassenkameradin mal auf ein Wochenende eingeladen. Kerstin bewunderte die Frau, die anders als ihre eigene Mutter mit einem »pflegeleichten Kurzhaarschnitt« schulterlange braune, glänzende Haare hatte und Twinsets und eine Perlenkette trug. Den Kaffee schüttete sie aus einer silbernen Kanne mit weißem Griff ein. Kerstin wusste nicht, dass das Elfenbein war. Und als sie von Julias Mutter als Dankeschön für manche Nachhilfe ein Schälchen mit Kordelrand bekam, da wunderte sie sich über einen komischen blauen Strich auf der Unterseite. Erst Jahre später erkannte sie, dass dies das Signet einer berühmten Porzellan-Manufaktur war.

Da hatte sie schon das gemacht, was man Karriere nennt. Ja, sie, das Kind aus bescheidenem Hause, hatte es geschafft: Sie war nach dem Jurastudium zunächst Trainee und dann sehr bald Vorstandsassistentin in einem großen Lebensmittelkonzern geworden, und sie glaubte fest daran, dass tüchtigen Mädchen die Welt offen steht und dass sie selbst irgendwann ganz weit oben landen würde.

Umso mehr freute sich Kerstin auf das erste große Klassentreffen nach dem Abitur. Dem Ehemaligen-Club gehörten zwar fast alle Absolventen des Internats an; aber die Mitgliedschaft beschränkte sich im Wesentlichen darauf, dass man seinen Jahresbeitrag zahlte und eine von den anderen besuchte, wenn man mal in deren Gegend war, oder eine anrief, wenn man ihren fachlichen Rat oder einen Kontakt in ihrer Region suchte. Mein Gott: zehn Jahre nach dem Abitur! Wie würden sie alle inzwischen aussehen? Was würden sie zu erzählen haben?

Nur über Julia, die ihr trotz aller Unterschiede in der Herkunft immer am nächsten gestanden hatte, wusste Kerstin sehr genau Bescheid. Julia war ein wildes Mädchen gewesen, das den Eltern nicht nur mit dem Französischen Probleme gemacht hatte, sondern auch mit nächtlichem Ausbüxen aus dem Internat. Wenn ihr Vater Letzteres nicht mit einer dicken Spende an die Nonnen aus der Welt geschafft hätte, wäre Julia vermutlich von der Schule geflogen. Auch war sie stets durch unkonventionelle Ansichten aufgefallen.

Einmal ging es im Religionsunterricht um die Frage der Gleichberechtigung zwischen Mann und Frau, nicht nur in der Kirche, sondern in der Gesellschaft generell, und Julia hielt ein flammendes Plädoyer für die Quote. Kerstin und die anderen opponierten heftig: So etwas wie Quote habe eine intelligente Frau doch wohl nicht nötig. Es war eine so heftige Auseinandersetzung, dass das Lehrerkollegium auf die Idee kam, das Thema zum Gegenstand des Abituraufsatzes zu machen.

Irgendwann hatte Julia Sturm und Drang hinter sich. Sie studierte Politik, Englisch und – ausgerechnet – Französisch, landete als Referentin im Außenministerium und konnte nun das bezahlt tun, was sie immer schon geliebt hatte: unterwegs sein.

Das Klassentreffen fand bei einer der Ihren statt. Patricia hatte einen Hotelier geheiratet. Der besaß mehrere große Häuser, darunter auch eines an der Küste, und konnte es in der Nebensaison ermöglichen, den Ex-Klassenkameradinnen seiner Frau ein Wochenende am Meer zu bieten. Kein Wunder, dass bis auf Katharina, die gerade ihr zweites Baby bekommen hatte, alle gekommen waren.

Es gab viel zu erzählen. Studiert hatten sie alle, ohne Ausnahme. Aber von den Mädchen aus den wohlhabenden Familien hatten viele zwar zunächst einen Job begonnen, dann aber geheiratet und den Job aufgegeben, so wie Katharina und die Gastgeberin Patricia.

Klassentreffen scheinen bestimmten Gesetzen zu folgen: Nach dem Was-machst-du kommt stets das Wisst-ihr-noch. Beim Wisst-ihr-noch zum Thema Abiturarbeit war es schon spät, und ob es nun daran lag, dass der Abend trotz Nebensaison schwül war, oder daran, dass sie alle schon müde waren – das Gespräch mündete unversehens in einer Auseinandersetzung, viel heftiger als diejenige, die sie vor zehn Jahren in der Schule geführt hatten.

Auslöser war eine Bemerkung von Kerstin. Sie fühle sich darin bestätigt, gab sie zum Besten, was sie damals schon gesagt habe: Das ganze Gerede von Gleichberechtigung sei Blödsinn; sie jedenfalls habe noch niemals einen Nachteil gehabt, weil sie eine Frau sei.

Da alle gesehen hatten, wie teuer Kerstin angezogen war und mit welchem sündhaft teuren Auto ausgerechnet ihre aus bescheidenen Verhältnissen stammende Freundin angereist war, fühlten sich einige durch diese Aussage provoziert.

»Du bist vielleicht gut«, sagte Dana, »als ich mich selbstständig machte und Geld von der Bank wollte, haben sie mich doch allen Ernstes gefragt, ob ich denn keinen Ehemann hätte, der für mich bürgen könnte.«

»Aber du hast es trotzdem geschafft«, gab Silvia zu bedenken. »Ich dagegen bin ganz aus dem Job raus, und das, obwohl ich genauso die Anwaltszulassung habe wie mein Peter und sogar ein besseres Examen vorzuweisen habe. Aber ich sage euch eins: Als wir unser erstes Kind bekamen und Peter den Hausmann machte, haben die Mütter auf dem Spielplatz ihn wie einen Aussätzigen behandelt.«

Das Stichwort Kinder rief Ulli, die Headhunterin, auf den Plan. »Ich erlebe doch jeden Tag«, erzählte sie, »wie Positionen zwar geschlechtsneutral ausgeschrieben werden, aber wie die Auftraggeber bei Führungskräften in einem bestimmten Alter ganz klar einen Mann wollen, weil sie trotz allem verbreiteten Geschrei um die aussterbenden Deutschen nicht die geringste Lust haben, das Risiko einer Schwangerschaft mit zu tragen.«

»Ja, o.k.«, erwiderte Kerstin, »betriebswirtschaftlich kann man das ja sogar verstehen. Aber es ist doch nichts grundsätzlich Frauenfeindliches«, meinte sie entschuldigend. »Wenn die Frauen mal vierzig sind und die Gefahr vorbei ist, sieht die Welt doch wieder anders aus.«

»Hast du eine Ahnung!«, rief Ulli. »Ich hatte grad so einen Fall: eine Top-Kandidatin für einen Geschäftsführungsvorsitz, Klassen besser als alle angebotenen Männer und mit Mitte 40 genau im richtigen Alter. Und was kriege ich zu hören: Die Gesellschafter wollen keine Frau!«

Die Runde schwieg, als Ulli sagte: »Aber es kommt noch viel schöner: Die Gesellschafter – das waren in diesem Fall Frauen! Was sagt ihr dazu?«

Julia hatte, für alle erstaunlich, schon lange geschwiegen. Aber es war klar, dass sie spätestens jetzt mit einer ihrer unkonventionellen Thesen kommen würde. Doch das, was Julia zu sagen hatte, würde den Bruch mit Kerstin bedeuten, Kerstin, dem Mädchen aus kleinen Verhältnissen, das so stolz war, in das System aufgestiegen zu sein, dass es nicht erkannte, wo dessen Schwächen lagen. Am liebsten hätte Julia gesagt: Der größte Feind der Frauen sind die Ignorantinnen. Aber sie formulierte es so: »Der größte Feind der Frauen ist die Frau.«

Und in die Stille hinein, die diese Bemerkung auslöste, fügte sie noch hinzu: »Darum war ich ja schon immer für die Quote. Wir müssen die Frauen vor den Frauen schützen.«

Die Damen stritten daraufhin bis spät in die Nacht, ohne zu einer Einigung zu kommen. Am Morgen jedoch, als die Sonne auf die Frühstücksterrasse schien, begrüßten sie sich alle wieder sehr freundlich, und als die Ersten aufbrachen, verabschiedeten sie sich mit Küsschen rechts und Küsschen links. »Wie war das?«, flachste Kerstin, »der größte Feind der Frauen ist die Frau? Dass ich nicht lache!«

»Ignorantin«, kommentierte Julia; aber Kerstin hatte das beim Einsteigen in ihr schönes Auto schon nicht mehr gehört.

Zauberformeln

Oder: Zum Mitnehmen

Schade, liebe Freundinnen, auch ein Märchenbuch geht einmal zu Ende. Was ich Ihnen vermitteln wollte, ist Lust auf Erfolg, Erfolg durch Phantasie und Mut und Tatendrang. Und mit Frauen, die ihre Stunde gekommen sehen, Frauen, die das Jammern den Männern überlassen (es heißt ja nicht umsonst »*der* Jammerlappen«) und die das tun, was sie schon immer geliebt haben: leben, konsumieren, Werte schaffen und Werte erhalten.

Um sich dabei immer wieder Mut zu machen und auch in schwierigen Zeiten die gute Laune zu erhalten, braucht man Zaubersprüche, Beschwörungsformeln, Losungen, mit denen man sich immer wieder selbst konditionieren kann. Mein Liebling heißt so:

Wo kämen wir hin,
wenn jeder sagte,
wo kämen wir hin,
und keiner ginge,
um zu sehen,
wohin wir kämen,
wenn wir gingen.

Mal abgesehen davon, dass dieser Spruch den Charme hat, den Sinn für korrekte Verbformen wachzuhalten, ist er ein Aktivator erster Güte. Er stammt von Kurt Marti, einem Schweizer Pfarrer und Schriftsteller.

Aber nicht alle mögen den Konjunktiv, und nicht alle

mögen lange Beschwörungsformeln. Und darum öffne ich hiermit einen Teil meines Sesams mit gesammelten Formeln, die alle eines gemeinsam haben: Sie machen entweder Mut oder vermitteln das, was aufgeregten Frauen oft fehlt – Gelassenheit.

Wenn Kälte dich und Gleichmut kränken,
Dann sage dir zum Troste leis:
Ein unbeschränkter Hörerkreis
Besteht aus einzelnen Beschränkten.

Ludwig Fulda

Besonders wichtig für die vielen Frauen, die dazu neigen, zu leise und zu schnell und vor allem ununterbrochen zu reden, ist dieser Klassiker von Martin Luther:

Tritt fest auf,
mach's Maul auf,
hör bald auf.

Wir Frauen neigen auch dazu, uns viel zu viele Gedanken darüber zu machen, was wohl andere über uns denken. Da kann der Gedanke an die Endlichkeit alles menschlichen Daseins sehr hilfreich sein, vor allem, wenn er als Aphorismus daherkommt:

Niemand ist so schlecht wie sein Ruf,
und niemand war so gut wie sein Nachruf.

Sollten Sie auch, wie viele Frauen, stets in der Gefahr sein, die Dinge unnötigerweise persönlich zu nehmen, dann halten Sie es mit Konrad Adenauer. Der wusste:

Wer sich ärgert,
büßt für die Sünden der anderen.

Steht man als Frau im Licht der Öffentlichkeit, kann die folgende Devise unseres ehemaligen Bundespräsidenten Johannes Rau sehr hilfreich sein:

Erst mal lese ich am Morgen die Zeitungen,
in denen ich gut wegkomme,
damit ich die anderen besser verkraften kann.

Das vorsichtige Abwägen von eventuellen Risiken ist sicher eine unserer weiblichen Stärken; man sollte es aber nicht übertreiben und auch einmal, ganz männlich, etwas wagen. Denn wie beobachtete Johannes Gross so genial:

Wenn es zum Leben einen Beipackzettel gäbe,
würde niemand damit anfangen.

Wenn Frauen, wie sie es gern tun, in Gefahr geraten, ihre eigenen Leistungen als »Glück« herunterzuspielen, dann sollten sie an diese Aussage von Novalis denken:

Glück ist Talent für das Schicksal.

Zu mehr Stolz und Selbstbewusstsein kann einem auch die folgende charmante Bemerkung von Churchill über sich selbst verhelfen:

Wir sind alle Würmer;
aber ich glaube,
ich bin ein Glühwürmchen.

Um Selbstzweifel in Bezug auf äußere wie innere Qualitäten zu vertreiben, ist die folgende Erkenntnis bestens geeignet:

Eine Optimistin ist eine Frau,
die Fettpölsterchen für Kurven hält.
Françoise Hardy

Im Übrigen gilt, was die Fettpölsterchen angeht, der Ratschlag der Theresia von Ávila damals wie heute:

Tue deinem Leib Gutes,
damit die Seele Lust hat,
darin zu wohnen.

Ja, die sich kasteienden Damen vom Typ spitze Knochen, spitze Zunge haben nicht immer viel zu lachen. Lachen kann aber nie schaden, gern auch, bei aller prinzipiellen Zuneigung zum anderen Geschlecht, über die Männer. Etwa so:

Männer, die behaupten, sie hätten zu Hause das Sagen,
lügen auch bei anderer Gelegenheit.

Oder mit der glasklaren Analyse von Margaret Thatcher:

Falls Sie etwas erklärt haben möchten,
fragen Sie einen Mann.
Falls Sie etwas erledigt haben möchten,
fragen Sie eine Frau.